U0147145

企業轉型

贏在數位生態

產業蛻變的決勝五堂課

楊仁達、周樹林、張育誠、洪春暉、何玲玲、蕭淑玲、黃芳蘭、資策會研究團隊 著

目 錄　Contents

第 1 堂課　陪伴蛻變 群策群力專家出謀獻策

第 2 堂課　關鍵方法 實踐數位轉型的每一步

第**3**堂課　資安聯防
示範打造數位創新生態

第**4**堂課　培訓基地
充裕產業雲端人才庫

創新科技，生態合作
數位轉型，你要跟上

沈柏延（CISA中華民國資訊軟體協會理事長）

許多創新科技革新帶來的影響，全球經濟與產業正面臨前所未有的巨大轉型，消費者行為已習慣使用手機做為訊息及支付的日常工具。這正改變著我們的生活與工作方式，而企業的數位轉型更成為必須面對的議題。

多年來，企業引進各種資訊系統，使用在前台的客戶服務、中台的內部流程整合以及後台的財務人資……等，以提高經營效率。但在競爭趨同的過程中，如何將數位優化提升到數位轉型，並且能夠整合供應鏈以達到生態合作，這不僅需要領導者的轉型擘畫，若沒有數位技術的貫穿整合，也無法落地實現。

在這樣的背景下，資訊工業策進會（資策會）自1979年開始，積極引導台灣資訊科技產業發展，並隨著時代走至今日，開始提供一系列轉型輔導的第三方服務，這樣的理念與中華民國資訊軟體協會正是不謀而合。由於一直有著相近的核心價值，促使軟協與資策會成為長期並肩同行、共同打造台灣數位轉型的生態系統夥伴。

此書《企業轉型，贏在數位生態：產業蛻變的決勝五堂課》，

便是資策會將耕耘許久的豐富個案成果集結成冊，想與社會大眾分享這些轉型為第三方角色過程中，使用的架構全貌以及底層邏輯。

書中的五個章節，分別從不同角度深入探討企業轉型的關鍵要素。首先在第一堂課中，從數位轉型的觀點出發，探討了數位轉型的演變、影響和價值，也為後續章節的探討打下基礎。接著在第二堂課中，從策略與方法的角度，介紹「產業創新化方法（STEPS）」與「ROAD數位生態發展方法」這些支持數位生態發展架構的關鍵方法論。

在第三堂課，此書詳盡介紹資策會資安所培育拆分成立的「台灣資安鑄造公司」，以創建「資安智慧聯防產業生態」的實際案例，解決產業對資安部署、合規與人才的需求。

第四堂課談論了數位科技驅動產業快速變動，對人力管理帶來的挑戰，揭示唯有協助企業員工培養自身專業技能，才能快速跟上數位世代變遷。最後在第五堂課中，點出企業如何透過創新和協作來推動轉型，提出了十個數位生態的藍圖架構，為各產業未來的發展方向拋磚引玉。

其中我認為第四堂課特別重要，因為企業轉型不僅僅是技術上的問題，組織因應上涵蓋的文化、學習和人力的資源更是支撐產業發展的動力來源。撰寫團隊透過這些輔導企業轉型過程中的經驗，深入研究個案和生態，彙整出一套完整的企業轉型方法

論。這套方法論不僅適用於資訊科技產業，同時適用於其他產業。

　　此書是資訊工業策進會多年經驗和個案的總結分享，對於推動台灣企業轉型和發展有重要的意義。相信各產業的讀者們，在書中可以了解如何以生態角度重新看待台灣產業間的關係，也能更加清楚從數位轉型2.0的角度尋找轉機，來因應當今快速變遷的外部環境。

　　透過閱讀此書，如同在每一位讀者的心中埋下變革的種子，在實現跨界共創數位生態的路上，你跟上了嗎？

台灣數位轉型經驗
以延伸至國際為目標

施振榮（宏碁集團創辦人／智榮基金會董事長）

資策會成立於1979年，成立以來積極推動IT的應用普及發展，尤其藉由舉辦資訊週及資訊月活動的推廣下，更讓台灣在IT應用方面相對進步，也在國際上做出許多貢獻。

本書重點在談數位轉型的重要性。在過去長期累積的能量下，台灣目前在ICT產業領域發展已在世界上相對領先，從半導體製造到IC設計，再到IT系統軟硬體的整合，在全球供應鏈中已扮演舉足輕重的角色，也是全世界最佳的合作夥伴。

面對數位轉型帶來的挑戰與新機會，如同我在2016年提出台灣未來的新願景，就是要成為世界的「創新矽島」（Si-nnovation），並打造台灣成為東方矽文明（Si-vilization）的發祥地。

過去，台灣在3C產品的物質文明方面已為全人類做出具體貢獻，未來希望在此矽科技的基礎上，借重來自文化、藝術、醫療、防疫領域的不斷創新，開發出更多的創新應用，讓台灣進一步在精神文明方面也能對國際社會做出具體貢獻。

　　此外，在數位轉型的大趨勢下，國內各個產業未來如何憑藉矽科技來改善流程或商業模式，以進一步提升各產業的競爭力，是企業經營的重中之重。

　　同時，在各產業累積數位轉型的Know-How經驗後，還能「以內需帶動外銷」，將台灣開發出來的創新應用解決方案，先在台灣練兵後，再進一步朝國際化發展，諸如將ICT的創新應用輸出到新南向國家，也是台灣未來的新機會，還可以讓台灣對國際社會做出更多貢獻。

　　此外，新科技與新技術不斷出現，面對數位轉型，未來更需要政府積極介入建立新科技與創新應用的產業發展秩序，不同部會可以在「產業領域」與「應用領域」分工共管，例如：金管會在應用領域的虛擬通貨做管理，而數位發展部數位產業署就適合在產業領域做政策引導。

　　面對數位轉型的大趨勢，企業必須積極推動轉型，才能贏向數位帶來的新生態，否則一不留意就會被大環境與競爭對手淘汰，而本書中資策會特別分享產業蛻變的決勝五堂課，相信定能對讀者有所啟發，在此特別將本書推薦給您。

核心能力（物種）與
網路位置（生態）之爭

盧希鵬（臺灣科技大學資訊管理系專任特聘教授）

當你發現愈來愈多的人找不到工作，同時有愈來愈多的企業找不到人才，就代表轉型的「時代」已經來臨。這個道理很簡單，耕耘機不是來幫助農夫的，而是幫助農業時代轉型到工業時代。那個時候，有許多的農夫失業了，同時有許多工廠找不到工程師。這一波數位轉型使用的都是網絡科技，網絡科技不是來幫助工業時代的，而是取代他們，好釋放更多的人力，來從事網絡時代的工作。譬如，ChatGPT是一個網路服務，不是來幫助工業時代的職業，而是要將他們轉型成網絡時代的職業。

什麼是網絡時代的新能力？就是連結到對的生態系。我常常在想，豬八戒好吃懶做，為什麼能夠上天堂？因為他連結到對的生態系。競爭優勢有兩個來源：核心能力（Prahalad & Hamel，1990）與網路位置（Burt，1991）。牛魔王有能力，但是不如豬八戒連結到對的網路位置（生態系）有優勢；岳飛有核心能力，秦檜占據網路位置，能力通常打不過位置；慈禧太后的小李子也占據了網路位置，有能力的大臣也必須討好小李子。

　　網路位置，就是連結，如果連結的是多重網路，我們稱之為穿越多重網路的結構洞（盧希鵬，2022)。穿越多重網路就能夠打破社會的不流動 ，讓我們的產業成為一個網路型的產業。ChatGPT所取代的工作，都是當初死讀書人的工作，而當初不讀書卻在社會中流動（如拉幫結派與關係建立）的人，是目前人工智慧還無法取代的。建立網路型生態，穿越結構洞，需要新的能力。

　　很樂見這本書的出版來談這些新能力。一開始這本書就說轉型是一個時代，而不是一個事件，因為我們的時代正在從工業時代轉型到網絡生態系時代，數位轉型是契機也是挑戰。接著談論依循五大方向跨界共創數位生態系，跨界，就是一種穿越多重網路結構洞後的社會流動。

　　資策會也提出以產業創新化方法為基礎的數位轉型方法論STEPS（Survey、Target、Engage、Pilot、Spread），與數位轉型生態發展的關鍵方法ROAD（Roadmap Of Alliance Development），指出數位生態發展的七大階段（包含R0跨界共創主題、R1擘畫生態藍圖、R2開發價值客群、R3聚焦核心優勢、R4鏈結生態夥伴、R5設計監理機制，以及R6籌組生態聯盟），並以資策會組織轉型與專案為例，來說明產業創新化方法STEPS五階段，以及數位生態發展ROAD七階段，讓這些方法論在實務中得到驗證與具體說明。

　　此外，這本書也談數位轉型人才培育，最後更提出十大主題的數位生態藍圖，包含智慧農業數位分身、人工智慧工程化、運動科技大聯盟、5G開放式組網平台、EMS產業高階製造、C2M新製造模式、數據交換與共享、人工智慧先進駕駛輔助、智慧路側雲霧安全系統，以及節能永續智慧建築。

　　這本書從時代趨勢到數位轉型生態發展方法論與人才培育，並以十大主題數位生態藍圖做結論，可謂是一氣呵成。我相信對你一定有所啟發。

定位「數位轉型化育者」
打造產業生態迎新局

卓政宏（資訊工業策進會執行長）

近年來，受到COVID-19疫情衝擊與國際情勢動盪的影響，多數產業正面臨營運關鍵的存亡之戰。其實，各個接踵而來的經營挑戰乍看是危機，但換個角度來看，反而加速各行各業快步走出舒適圈、帶來創新變革的契機。而擁抱「數位轉型」，正是扭轉現況、迎向全新未來的開始。

本會已成立40餘年，始終擔綱著政府智庫與產業顧問的責任與使命，引領我國資通訊產業多次邁向轉型之路。如今，新興數位科技日新月異，全球掀起新一波「數位轉型」浪潮，本會亦順應國際情勢，毅然肩負「數位轉型化育者」的新角色。

這幾年致力於協助企業累積實作能量與競爭優勢，過程中陸續了解行業別的不同轉型需求。經由一次次的實戰經驗後，本會催生出「產業創新化方法（STEPS）」與「ROAD數位生態發展方法」，培育超過200多位ACE School顧問專家，更出版以案例分享為主題的兩本著作——《數位轉型化育者》與《數位轉型化育者II》，以此向外界分享本會與協作夥伴如何共創數位轉型，做為未來優化與轉型的動力來源。轉型的後期，ACE School顧問專

家更集結本會研發能量與成果，發展出十大數位生態藍圖，期許
與產業夥伴建構數位生態，共創多贏局面。

在推動產業數位升級的歷程中，本會察覺產業應對轉型時，
首當其衝的挑戰往往是因為「人才」的匱乏，以至於無法順利轉
型成功。為解決產業痛點，本會數位教育研究所積極孕育數位人
才，針對人工智慧、通訊、資安、跨域、跨國五大領域推動人才
培育，期許充裕我國各產業所需人才、在數位浪潮中站穩腳步。

人才培育的前期階段，本會由數位教育研究所調查與掌握企
業用人單位的人才缺口後，發展訓用合一認證機制，引導企業快
步延攬實戰力數位人才；接著提前部署下一階段，發展數位人才
職能訓用合一護照，以量化評估能力指標和實戰力評估模型來建
立職能發展系統，同時推行第三方訓用合一，讓人才能夠將所學
應用於職場。目前，此套數位人才培育方法已深耕多年，以完善
制度和實際行動來解決產業困境。

在組織結構方面，因應社會變遷與產業變化，且對應數位
發展部成立目標與推動方向，本會啟動新一波組織變革，蛻變為
當前兩院四所五處全新面貌，業務發展上更力求自我「轉型」，
拓展「第三方」新服務，希望跳脫過往「乙方」角色，以嶄新之
姿，持續帶領我國資通訊產業大步前進。

其中，身為我國資安重要防護員的資訊安全研究所，不斷挑
戰自我、重新定位，2021年起即邁向「轉型」大道，歷經一年的

重塑，翻轉原先以技術研發、計畫思維為主的發展主軸，聚焦建構創新數位生態 —— 資安智慧聯防生態，現階段更朝本會2025年轉型目標（TR25）成為第三方協力機構。做為本會自我轉型的先驅，資訊安全研究所的案例，值得當做促進讀者了解轉型的典範。

此書集結本會產研所、資安所、教研所、人力處、行銷中心、數轉院與軟體院的技術研發、產業研究與顧問服務的豐碩成果，盼能以深入淺出的說明，讓社會大眾與產業先進能更加了解當前本會的數位轉型共創成果、數位生態建構藍圖、自身轉型標竿典範與數位人才培育之道。

最後，身為推進台灣產業數位轉型的關鍵化育者，謹以此書與社會大眾分享在顧問服務、人才培育，以及數位轉型輔導案例累積而成的五堂必修課。期待來自企業的讀者可參考本書方法論，檢視自身目前定位與需求，結合各產業領域的專業與經驗，促使企業激發過去蘊含的量能，帶來內部轉型；更希望能攜手不同產業類別，建構數位生態、蛻變共創雙贏。

數位轉型創新生態
從跨界共創開始做起

楊仁達（資訊工業策進會副執行長）

轉變，是為了迎接下一個美好蛻變的開始。本會因應產業新趨勢與新需求，2018年起啟動一連串的組織改造，憑藉著自成立以來的深厚底蘊，擔綱並肩負起「數位轉型化育者」的新身分、新責任。本會的定位獨特，不僅要持續引領我國資通訊產業再次華麗蛻變，更期許我們能轉成獨立第三方顧問，從產業外的視角提供企業數位轉型所需的關鍵資源與協助。

當前，全球黑天鵝事件層出不窮，加上COVID-19疫情無情襲擊，企業想在瞬息萬變、動盪不安的局勢下立足發展，僅做到單打獨鬥與自我轉型往往是不夠的，更應該借力使力，以「跨界共創」「數位生態」之姿，創造生態成員多贏局面，方能在數位科技快速發展的潮流下突圍而出。

如今，本會肩負起化育者的重要使命，除了持續輔導產業轉型躍升之外，更走向建構「數位生態」大道，帶領逐漸成型的數位生態成員在主題上不斷創新、在進展上力求突破。「跨界共創」，正是「數位生態」永續發展的關鍵所在。

　　為了因應「數位生態」的發展趨勢，本會發展IDEAS（Innovative、Digital、Ecosystem、Advisory、Solutions）策略主軸：數位轉型發展趨勢、策略主軸價值倡議、轉型方法與個案庫、轉型顧問服務模式，據此回應產業在創建「數位生態」時的各類需求。

　　回顧這幾年本會各單位與各團隊的研究、推動與研發成果，既豐富、創新又具價值，因此循著前述IDEAS關鍵軸線，將當前值得驕傲的優異成績收錄於書中，讓各位讀者藉由閱讀，就可快速掌握本會累積多年的豐碩執行成就。

　　本書取名《企業轉型，贏在數位生態》，以「數位生態」一詞貫穿全文，做為本書各章節發展的核心基石。既以此題目為書名，即是期許讀者未來在助攻產業創建數位生態之時，都能跳脫過往傳統思維的束縛，以「跨界」為手法，朝「共創」大步邁進。

　　就本會觀點，在架構新興數位生態時，需要方法論知識與標竿案例做為發展後盾，也需要培育專家顧問蓄積人才能量。當方法、個案、人才三者齊備後，下一步即是聚焦推動策略與達成目標，朝向符合自身需求的數位生態主題予以推進；發展過程中，則需要仰賴來自各界的協作夥伴跨界參與，共同開創多贏局面。

　　在主題式數位生態型塑運行後，不僅對外需要建立整合行銷機制因應產業發展需求；對內推展上，也需要數位產業情報分析與指標評量做為生態運作支撐。於此，在前述諸多發展要素交織

相乘下，各式新興數位生態順勢誕生，不僅賦予產業全新發展風貌，更帶給產業嶄新市場契機。

　　這幾年，本會在數位生態推動上可說不遺餘力，近期更繳出亮眼的成績單。舉例來說，數轉院推出「產業創新化方法STEPS」與「數位生態發展方法R0-R6」，以方法論之姿，引領產業實踐數位轉型與推動數位生態；行銷中心匯集本會數位轉型輔導案例成冊，做為會內經驗傳承的重要知識資產；人力處打造「ACE School」數位轉型學堂顧問養成，目前本會已培育超過200位顧問專家，助產業數位轉型一臂之力；教研所孕育資通訊人才多年，以數位人才培育之道打響市場名號；資安所面對數位生態風潮時以身作則，以主題方式建構起獨特的資安智慧聯防生態；ACE School顧問薈萃本會多個單位的研發能量，進一步發展出十大數位生態藍圖，以回應產業趨勢與市場需求；產研所則聚焦前瞻科技與產業動態研究，擔起數位生態發展的重要推手。本書將前述多單位的專業能量與執行果實集大成，提供讀者未來在建構數位生態時參考及運用。

　　最後，期許本書能起拋磚引玉的作用，以此引領產業持續創新與變革，攜手跨界共創新興數位生態。

陪伴蛻變

群策群力專家出謀獻策

黑天鵝滿天飛

產業轉型號角響起

轉型是一個「時代」（Era），
不是一個「事件」（Event）。
——William L. McComb《哈佛商業評論》，2014

國際知名經營管理大師William L. McComb認為，當企業的領導者意識到「轉型」並非突發事件，而是一個新時代的來臨時，會傾向建立新的願景，並做好萬全準備應對各種挑戰。一般來說，具備這個觀念的企業，體質通常更加健全，且具有較高的機會能在逆境之下存活，甚至成長茁壯。

目前，我們正面對新冠肺炎疫情（COVID-19）、美中貿易戰和俄烏戰爭等令人措手不及的黑天鵝事件；此外，也受到氣候變遷、ESG（Environment環境保護、Social社會責任、Governance公司治理）趨勢、碳中和要求以及人口老化……等灰犀牛風險威脅。領導者雖急於勵精圖治，腳步卻因這些挑戰顯得舉步維艱。

由此可知，我們正處於黑天鵝事件接二連三發生的時代中，當「變」已經成為當今世界的常態，若想在這個時代中存活，絕不能「不變」──這樣的行為猶如原地踏步、坐以待斃。因此，企業務必在關鍵時刻敏銳洞察

當下趨勢、積極制定策略來因應挑戰。

當「轉型」的警鐘已被敲醒，將沒人能再置身事外！

新興科技與全球局勢
數位轉型成為大勢所趨

「轉型」（Transformation）一詞，在劍橋詞典中的解釋為：「a complete change in the appearance or character of something or someone, especially so that thing or person is improved」，從該定義中我們可清楚知道，轉型的關鍵在於「complete change」；若以中文解釋，我們可以用成語「**改頭換面**」來描述轉型所代表的意義。

企業若想順應這股轉型的趨勢，首先是**領導者需要引領眾人做出徹底的改變，同時要為企業制定新的願景和策略藍圖，以帶來創新變革。**如今，數位轉型已經成為產業不容忽視的關鍵發展議題，新興數位科技更是成為徹底翻轉產業運作模式的關鍵推手，促使產業大步邁向「數位轉型」大道。

在COVID-19疫情尚未爆發前，許多企業早已開始積極運用各類前瞻技術，例如：人工智慧（AI）、5G、區塊鏈、擴增實境（AR）／虛擬實境（VR）、物聯網、雲端／邊際運算、無人載具和金融科技等，這些技術悄悄在各產業之間埋下了變革的種子。

隨著時間的推移，上述新興科技迄今逐漸普及，「數位轉型（Digital Transformation）」終於成為大勢所趨；無獨有偶，世界經濟論壇（World Economic Forum，WEF）於2016年發表的《產業數位轉型：數位企業》（Digital Transformation of Industries：Digital Enterprise）報告中同樣指出，數位轉型的革命，改變了企業，更擴及整個產業。

如今，新興科技的發展步伐更加急速，所帶來的衝擊力道與破壞式創新更勝以往：瞬息萬變的全球局勢、國際黑天鵝事件頻傳，在在考驗著企業的本領與能耐。以台灣為例，在受到COVID-19疫情的衝擊下，餐飲業、旅遊業、觀光業和零售業等產業，由於未能及時擁抱數位轉型，因此出現大批的裁員和倒閉潮；亦有眾多企業因缺乏數位轉型的關鍵思維以及行動方案，同樣在這樣的局勢下身陷泥淖。

這幾年，資策會在協助我國企業推動數位轉型的過程中發現，最主要的挑戰往往來自於領導者不易掌握快速變遷的產業趨勢，且缺乏洞察政經環境的能力；此外，企業未能導入前瞻技術、找不到合適的數位人才，以及不具備生態觀念等，這些因素都直接或間接導致企業不清楚到底何時才是導入數位轉型的最佳時機，因此尋求資策會的協助，希望能在危機中尋求轉機。

到底企業該如何接招數位轉型、又該如何實踐數位轉型？

引領企業自數位轉型1.0邁向2.0

　　首先，我們要先理解數位轉型這個名詞的意義，才能進一步理解何謂數位轉型的變遷、以及如何將其應用於企業當中。從資策會的角度來說，對於「數位轉型」的定義為——以數位科技大幅改變企業價值的創造與傳遞方式，這也就是本節所談到的「數位轉型1.0」。

　　轉型的程序上可分為「數位化」、「數位優化」與「商業模式再造」三階段（表1），而數位轉型的核心正是商業模式再造。首先，數位化屬於第一階段，主要幫助小微企業導入數位工具提升其工作效率；通常此階段，公司的生產力會出現明顯的提升。

表1　數位轉型程序

	1st數位化	2nd數位優化	3rd商業模式再造
內涵	導入數位工具提高工作效率	生產與客戶端的營運效率最佳化	累積數位資產創造新商業模式
目標	從無到有的建立數位意識	從有到好的活用數位科技	從好到永續的創造新價值
效益	生產力明顯改善	數位整合的綜效	數位營收的成長
挑戰	不知從何開始	老舊化問題（Legacy）	組織文化調整
對象	小微企業	中大型企業	成長停滯的企業

資料來源：資策會

接著逐步進入第二階段——數位優化，此階段主要是幫助中大型企業，將其營運流程和客戶體驗的效率最佳化，並活用數位科技，不只是「使用」科技，而是「用得更好」。

最後則是商業模式再造，此階段的企業可能正面臨成長停滯的狀態，因此如何在現有的經營結構下找到嶄新的商業模式、突破現況，是商業模式能否進化的關鍵；若成功完成第二階段，企業營收往往也會因此獲得大幅的提升。

除了轉型的程序，「導入的時機」也很重要，究竟什麼時候適合導入數位轉型？若從英國企業管理專家Clarles Handy提出的《第二曲線：社會再造的新思維》來看，企業的發展可概略分為初期、中期與成熟期。由過去的經驗可以得知，**布局數位轉型的最佳時機為市場進入成長階段的中期；一旦市場進入成熟期，則有必要加速推動數位轉型。**

不過，由於現今的企業普遍具有數位基礎，更有不少已經發展至成長期或是成熟期，因此銜接第二曲線、往「數位轉型2.0」的方向布局，對於現階段的企業來說，可說是攀向下一波成長高峰的重要選擇（詳見表2）。

讀到這邊或許你會好奇，同樣是數位轉型，「1.0」和「2.0」之間到底有哪些不同、具體行動又該怎麼做呢？以下從三個不同的切入點，分析這兩者之間的不同。

首先以範圍來說，「**數位轉型2.0**」可以說是「**範圍變得更**

廣」，也就是從企業的上下游供應鏈，擴展到建立了數位生態；再來是「**層次變得更深**」，指的是從專注於數位工具的導入，轉變為關注「無形」的文化建立；最後是「**方向變得更宏觀**」，代表從原先「數位加值型」的商業模式，朝向「數位創造型」的方式來發展。

總之，「數位轉型2.0」代表的就是更深層次的轉型，困難度將遠遠大於1.0階段。因此，企業應該要開始設定更為宏觀、長遠，也更具挑戰性的轉型目標，使之成為「數位創造型企業」，同時進一步建立數位生態，進而朝數位轉型2.0大道邁進。

表2 數位轉型1.0 VS. 數位轉型2.0

	數位轉型1.0	數位轉型2.0
轉型範圍	產品導向的上下游供應鏈	服務思維的數位生態體系
轉型層次	顯而易見的數位工具導入	隱而未顯的數位文化建立
轉型方向	數位加值型企業（Digitally Enabled BM）	數位創造型企業（Digital Based BM）
成長模式	線性成長	具指數成長潛力
核心能力	製造生產、成本效率、彈性	軟體發展、應用定義、數據分析
資源／資產	有形的、實體的	無形的、數據加乘的
客戶／夥伴	X、Y世代	數位新世代如Z世代、α世代
價值創造	營運優化的供應鏈體系	具網路效應的數位平台

資料來源：資策會

商業生態助企業升級
互利共生成主流

生態一詞源於生物學研究領域，美國社會學者 James F. Moorer在1993年將其首次應用在商業領域，於《哈佛商業評論》提出「商業生態」（Business Ecosystem）概念；更於1996年出版書籍進一步討論，使得此概念擴散開來。商業生態的定義為：「不要把企業看做單一產業中的一員，而是要將其視為橫跨多種產業的生態成員之一」，並且「位於同一個商業生態內的企業們，應是圍繞著一個創新的想法、產品或服務，在生態中共同演化出各種不同的能力」。

產業界線消弭
未來的競爭存在生態之間

迄今，此概念在被提出後的30年間，更隨著各種新興科技的誕生而備受討論；其中，又以《生態系競爭策略》一書的觀點廣受市場高度關注。該書作者Ron Adner認為，所謂的生態，係指一群合作夥伴透過相互作用的結構，向終端顧客傳遞價值主張。也就是說，過去常見的上下游供應鏈體系並不算生態，除了供應鏈之外，更應該再加入周邊的「新創公司網絡」與「終端客戶社群」所形成的結構，這些總和才可以算是一個完整的生態。

Ron Adner的生態定義包括三個關鍵字：**價值主張、**

合作夥伴，以及相互合作的結構；這三個條件必須同時存在，系統才算成型。Ron Adner更強調，建立生態系統的策略核心，正是將合作夥伴納入結構化的系統中，這麼做可以強化並提供顧客有效的價值主張（註1）；而生態系統中的不同參與者，彼此間的依賴關係也會提高、趨向共同演化。

此外，如果想要讓生態的結構變得穩固且可持續發展，除了這些參與者的角色定位必須明確之外，還需要有一個角色居中協調，設法將夥伴們納入結構化的安排中。Ron Adner更認為，未來生態可能會逐漸成熟發展為一個產業，而產業又可能逐漸融入新的生態，逐步循環下去。這個觀念與資策會提出的數位轉型發展至2.0的概念，可說是不謀而合。

如今，競爭的基礎已經發生了變化，產業的界線正在逐漸瓦解，因此策略和挑戰也需要隨著時代變遷而更新，已然從單一產業間的競爭，轉變為幾個廣大的生態之間的競爭賽局。

數位策展專家
調和鼎鼐整合生態

承前所述，居中協調的角色非常重要，是使生態穩固的關鍵和基礎。根據2022年發表的研究（註2），將這個的角色命名為「策展專家（Orchestrator）」，其功能就是居於協調位置，協助

生態中的成員進行多方合作協調。

　　數位生態的策展專家，能夠協助生態成員確認自身的價值主張，在達成共識前，促使夥伴關係建立與合作、提創新想法，進而實現夥伴們的價值主張；同時幫助生態中的成員注意生態內外部的變化，進一步回應各種問題。內部方面包括：短中長期的策略、協同合作制度、各方參與時間、各方參與人員、各方工作進度等；外部方面則包括：市場趨勢、產業競爭狀況、商業模式改變、國際科技創新合作、國外市場進入策略等。

　　數位生態的策展專家可由最具有資源的公司，或是獨特技術的一方；但若由不影響各個利害關係人的客觀第三方擔任，將為生態注入一股不同的資源與力量。**尤其資策會長期協助國內企業進行數位轉型，對於推動產業轉型及提供顧問諮詢等服務皆已駕輕就熟，正可扮演「數位策展專家」，再次協助台灣企業進入數位轉型2.0階段，邁向產業生態的第二曲線。**

註1：《生態系競爭策略》中的「價值主張」，指的是該企業的工作成果中，可以使終端顧客獲得的利益，這些利益即可定義為價值主張。

註2：資料來源為Lingens, B., Huber, F., & Gassmann, O. (2022). Loner or team player: How firms allocate orchestrator tasks amongst ecosystem actors. European Management Journal, 40(4), 559-571.

名詞解釋｜**數位策展專家**

　　英文為Orchestrator（s），指的是在數位生態中，規畫架構、管理和領導數位生態的人或組織，可能是一個或數個，不一定需要具備技術能力，也可能管理一個大的數位生態，或數個小的數位生態。

落實第三方協力角色任務

資策會啟動組織改造

40餘年過去，資策會除了始終肩負政府資通訊政策擘畫的智庫重任，更以產業顧問之姿，伴隨資通訊產業一路轉型升級。這幾年，企業身處於「再次」轉變的關鍵時刻，多次引領產業華麗轉身的資策會，深知產業對於蛻變的殷切期盼，因此從2018年起，擔當起新使命、新任務、新角色，自我重新定位，以「數位轉型化育者（Digital Transformation Enabler）」的嶄新角色，助攻產業數位轉型，力求彰顯法人的新價值。

在以化育者之姿推進產業數位轉型的過程中，資策會也不斷思索如何開創屬於自己的第二曲線。近來的數位轉型浪潮與COVID-19疫情，成為內部啟動全面組織改組的催化劑，間接促使資策會走向轉型變革、走上蛻變之旅。

拓展第三方服務
共塑新興數位生態圈

2022年時，資策會正式啟動新一波的組織轉型，以「幫你建立能力」的「第三方協力機構」角色全新出發，力求甩開「財務指標」的衡量枷鎖、跳脫「幫你做」的「乙方」身分。

第三方角色好比球場上的裁判，負起判決勝負的重責大任；或者以賽事聯盟來比喻，就是促進聯盟發展的幕後推手。**「公正」，就是其與眾不同的價值所在，更是立足市場的關鍵。**

這次，資策會憑藉多年累積的技術研發與顧問服務底蘊，攀向這座「第三方」的新山頭。未來資策會不再扮演如球賽中的球員，而是轉型成如教練或裁判般的角色前進，**蛻變為產業的數位轉型顧問，甚至是獨立的認驗證機構**，以期為產業發展帶來更宏觀視野，更為產業轉型另闢新蹊徑。

資策會目前秉持「賦能產業轉型、健全產業秩序」的精神，逐步開拓數個第三方業務，例如：數位轉型策略發展、組織架構／人力規畫培育、系統規畫與品質檢核、資安認驗證制度建立等。希望以第三方協力機構的新角色，成為各式數位生態發展的居中調和者，促成各產業的新興數位生態成形。

扮演數位生態策展專家 力推五大任務目標

除了前述本會屬於「第三方」的獨特定位之外，資策會未來將協助產業進行數位生態創新，以及數位轉型發展。在數位生態的範疇中，資策會扮演數位生態策展專家的角色，主要任務內容如下：

1. 擔綱整合者角色促進生態發展

參與數位生態前的準備有一定的複雜度，若交由單一企業執行，可能較不合適且容易造成該企業負擔，還會涉及各成員之間的商業隱私等問題。因此，資策會可在生態建立時擔任整合者角色，以協助生態發展。

2. 扮演策略整合領航者強化生態創新

整合各方策略目標和執行方向，補強數位生態創新過程中的不足，包含：流程、技術、人才和資金等。

3. 訂定數位生態參與條件及規則

數位生態的參與條件與規則，雖在一開始就完成規畫，但仍需要與時俱進。因此，需要客觀的第三方，確保參與成員了解並遵守約定。資策會可扮演數位生態中的客觀第三方，在不影響利益關係人之下，協助訂定參與條件和規則、管理參與成員。

4. 發展管理工具輔導成員融入生態

在協同合作階段，數位生態的成員可能隨時增加或減少。因此，資策會可發展一整套跨界管理工具，協助參與者適應與融入數位生態——從參與數位生態前，到退出數位生態後，參與成員均可利用此套管理工具，遵循參與條件與規則。

5. 管理多個生態並保障資訊安全

　　資策會做為客觀的第三方，可協助同時管理多個數位生態，或數個數位生態模組，以保障參與成員的營業機密和隱私，確保參與成員的資訊安全。

發展數位生態發展架構
對接數位轉型供需橋梁

　　基於前述發展方向，資策會進一步發展出「數位生態發展架構」，結合會內各單位力量，共同協助台灣產業進行數位轉型、跨界共創數位生態（詳見圖1）。以下簡要說明數位生態發展架構，後續章節將補充相關細節。

1. 基礎－STEPS知識協作平台

　　資策會近年推出一套分為五階段的「產業創新化方法」（STEPS），並以此做為輔導企業數位轉型的SOP，確保團隊產出具有一致性。此平台內容包括：「顧客面談知識框架（SMART）」、「個案獲取知識框架（CASES）」，以及「ROAD數位生態發展知識框架」。使用此三個框架輔導的案例與經驗，最終都會上架到「PPT Bank」這個專門累積企業與產業輔導轉型的個案庫當中。

2. 數位轉型學堂（ACE School）

主要是培養數位轉型顧問專家，同時建立一至三級顧問培育制度，系統性培育數位轉型顧問，提供企業不同轉型層次與目標的轉型顧問服務。

3. 數位生態主題協作（ROAD DAO）

針對數位轉型幾個重要主體，建立數位生態主題，以發展框架、方法及案例參考等典範（如價值倡議、人力發展、環境建構），協助產業選擇合適的主題，進而發展數位生態。

4. 數位產業情報分析與指標衡量

定期發表全球產業趨勢、產業狀況報告、產業標竿案例等，提供產業了解並掌握趨勢與市場需求，以利於數位轉型發展。

5. 創新數位生態顧問方案專案管理辦公室（IDEAS PMO）

IDEAS PMO為Innovative Digital Ecosystem Advisory Solutions Project Management Office的縮寫，主要任務為建立行銷服務窗口，快速回應產業數位轉型訓練、輔導、資源等需求。

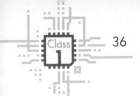

 資策會數位生態發展架構

資料來源：資策會

關鍵方法

實踐數位轉型的每一步

STEPS數位轉型密技

引領企業一路彎道超車

根據資策會的觀察與研究,企業在推動數位轉型的過程中,經常會面臨許多障礙,其中有三項是共通的痛點:(1)缺乏案例,無法複製學習;(2)缺乏人才,驅動數位轉型;(3)缺乏方法,不知如何進行。

縱使擁有懂得AI、物聯網、5G等數位科技的人才,卻缺少關鍵知識,以至於無法善用新興技術來開創成功的轉型案例;加上轉型過程中,往往涉及眾多內部或外部單位、機構成員,如何有效管理與協作……都是企業在推展數位轉型時經常遇到的挑戰。

Step by Step
確保快速轉型不迷路

為協助企業解決上述難題,資策會以累積多年的服務體驗工程方法(Service Experience Engineering Methodology,S.E.E.)推動經驗,聚焦數位轉型驅動的產業創新,近年推出「**產業創新化方法**」(STEPS),**據此做為輔導企業數位轉型的SOP**,讓相關內外部組織在轉型時,使用同一套創新作法進行改變,以確保團隊的產出能具有一致性。此外,吸納前人的寶貴經驗,加速驅動產業數位轉型並產生實質影響,進而發展標竿學

習個案，為產業帶來示範效用。

這套STEPS透過淺顯易懂的步驟，快速挖掘需求，聚焦轉型目標，減少企業在數位轉型上所走的冤枉路，包含五個階段：需求挖掘（Survey）、主題目標（Target）、鏈結組隊（Engage）、先導驗證（Pilot），以及服務擴散（Spread）。以下說明各階段的定義、作法與相關產出（詳見圖1、圖2）：

圖1 STEPS的架構與操作流程

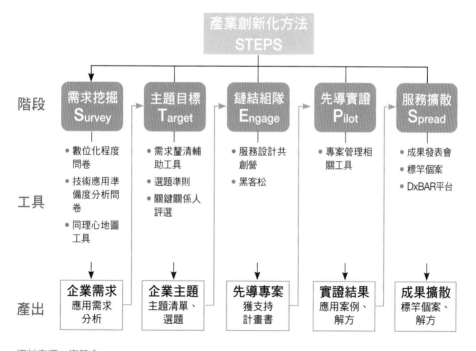

資料來源：資策會

圖 2 **STEPS產業智慧化方法產出內容架構**

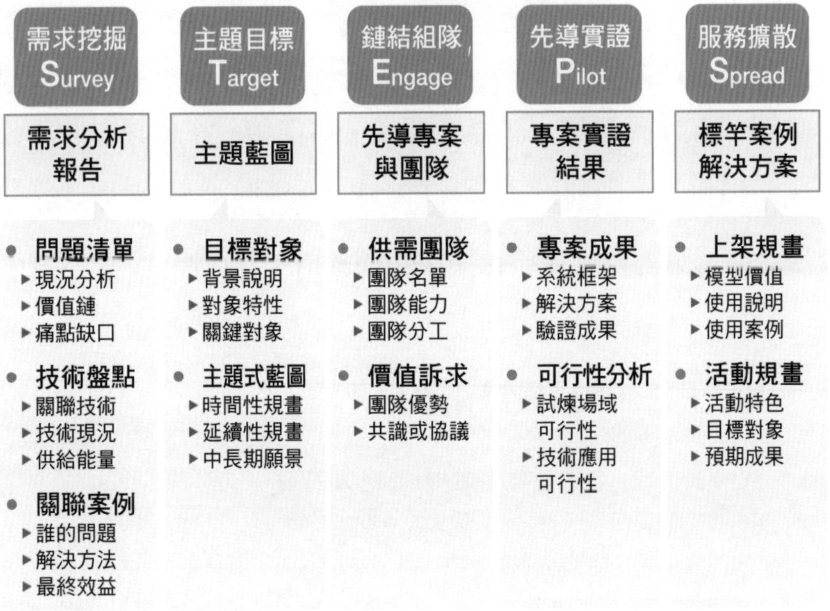

需求挖掘 **S**urvey	主題目標 **T**arget	鏈結組隊 **E**ngage	先導實證 **P**ilot	服務擴散 **S**pread
需求分析 報告	主題藍圖	先導專案 與團隊	專案實證 結果	標竿案例 解決方案

- **問題清單**
  - ▶ 現況分析
  - ▶ 價值鏈
  - ▶ 痛點缺口
- **技術盤點**
  - ▶ 關聯技術
  - ▶ 技術現況
  - ▶ 供給能量
- **關聯案例**
  - ▶ 誰的問題
  - ▶ 解決方法
  - ▶ 最終效益

- **目標對象**
  - ▶ 背景說明
  - ▶ 對象特性
  - ▶ 關鍵對象
- **主題式藍圖**
  - ▶ 時間性規畫
  - ▶ 延續性規畫
  - ▶ 中長期願景

- **供需團隊**
  - ▶ 團隊名單
  - ▶ 團隊能力
  - ▶ 團隊分工
- **價值訴求**
  - ▶ 團隊優勢
  - ▶ 共識或協議

- **專案成果**
  - ▶ 系統框架
  - ▶ 解決方案
  - ▶ 驗證成果
- **可行性分析**
  - ▶ 試煉場域
    可行性
  - ▶ 技術應用
    可行性

- **上架規畫**
  - ▶ 模型價值
  - ▶ 使用說明
  - ▶ 使用案例
- **活動規畫**
  - ▶ 活動特色
  - ▶ 目標對象
  - ▶ 預期成果

資料來源：資策會

名詞解釋 | 資策會DxBAR平台

為資策會官方YouTube頻道中的「Digital x Bridge And Restart」系列影片，取其單字字首為縮寫，簡稱DxBAR。資策會為落實「數位轉型化育者」的角色，特別規畫一系列淺顯易懂的單元影片，協助中小企業或社會大眾更快速獲得數位轉型相關知識。

◀ 觀看相關影片

階段❶ 需求挖掘

目的在於界定創新或轉型的關鍵需求、釐清企業推動創新或轉型的根本原因與欲達到的效益、掌握創新或轉型該解決的痛點與議題；可運用面談、訪談、問卷、工作坊、案例探討等工具進行，產出包含：問題的重要程度、問題解決後的效益等企業需求分析，據此掌握創新專案方向與範疇。

此階段產出需求分析報告，包括：

（1）全球趨勢案例觀測，以利協助企業掌握與觀察同業標竿、確認演化的策略、觀察技術發展趨勢和察覺突變的可能。
（2）能力盤點分析，例如：關聯技術、技術現況、供給能量等。
（3）問題／主題機會清單，分析產業及企業的現況分析、價值鏈、商業模式等痛點缺口。

階段❷ 主題目標

進入界定創新專案主題、問題擁有者（TA）及其目標，可藉由創意工作坊、需求釐清輔助工具、關鍵關係人評選等方式訂定選題準則，例如：技術可行性高、問題擁有者層級目標清楚和短期內成功說服老闆或投資人等。最後產出三到五個主題清單與關鍵指標KPI，例如：Cycle Time、庫存、整備條件、關鍵缺口、發展目標等分析，相關分析最後以產業藍圖或企業推動藍圖予以呈現。

此階段產出主題藍圖，包括：

（1）目標對象，分析背景說明、對象特性、關鍵對象等。
（2）依照主題情境清單與順序，進行時間性規畫、延續性規畫，以及中長期願景等規畫。

階段 3 鏈結組隊

　　進入組織專案團隊的階段，並產出解決方案構想，組成團隊的對象包含：擁有領域知識（Domain Knowledge）的企業內部團隊、擁有新技術的內外部工程團隊。可透過服務設計共創營或黑客松（Hackathon）等方式產出團隊名單、團隊能力、團隊分工、解題構想或解決方案等。將構想撰寫成先導專案計畫的規畫書或規畫簡報，據此獲得關鍵關係人（Stakeholder）的支持。

此階段產出先導專案與實證團隊，包括：

（1）供需團隊清單，包含：團隊名單、團隊能力、團隊分工。
（2）價值訴求，包含：團隊優勢、共識或協議。
（3）執行策略擬定，包含：目標設定、創新業務規畫、系統規畫、人力規畫、資源規畫等專案計畫內容。

階段 ④ 先導實證

　　進入解決方案的實證階段，執行已獲得支持的先導驗證專案，將規畫清楚且可衡量的目標，逐一進行開發與實證，確立創新與轉型的可行性，最後產出經過驗證可行的實證案例與解決方案，以此做為規模擴散的依據。

此階段產出先導專案實證結果，包括：

先導專案執行、專案成果、可行性分析。

名詞解釋｜黑客松

　　Hackathon，是由駭客（Hack）+馬拉松（Marathon）兩個英文單字組合而成，又稱駭客松、編程馬拉松、駭客日、駭客節等，是一種在短時間內考驗團隊成員解決問題能力的活動，可以培養成員間的溝通協調能力與默契。

　　活動中所有的程式設計師、UI／UX設計師、專案經理等人員齊聚一堂，用比平時專案更密集短暫的時間（短則幾十小時、長則幾天至一週）開發執行某個專案，例如：過去原本一個月能做完的專案，在活動中時間被壓縮後，大家就會聚焦在如何更快速達成共識，完成專案目標的主要功能，並在時間內製作出雛形，互相發表展示。

階段⑤ 服務擴散

最後一個階段是發表解決方案，透過媒體廣宣、研討活動、共創工坊、知識服務和資策會DxBAR平台等作法，達成擴大吸引用戶的規模擴散效果（Network Effect）。

此階段產出標竿案例解決方案，包括：

（1）彙整成果成為標竿案例，提供各界參考。
（2）製作培訓教材，帶動企業擴散影響。
（3）舉辦內部或外部的成果行銷活動、成果發表會，以利影響與爭取支持。
（4）基於實證結果，規畫與執行數位轉型專案建置案。

綜上所述，藉由STEPS的五大步驟，企業能夠系統化產出轉型議題，擬定創新策略，進而順利導入該領域藍圖規畫目標，預期帶來的成效包括：（1）以STEPS形成企業實作網絡鏈結；（2）培養產業數位轉型推手，推動對產業／企業帶來影響的轉型個案落地應用；（3）識別好的數位轉型標竿個案；（4）確保團隊產出的一致性；（5）累積與共享數位轉型經驗。

運用STEPS與顧問輔導
助企業落地AI應用

迄今，STEPS已廣泛運用在資策會所推動的數位轉型相關計畫與專案上。以經濟部工業局委託資策會執行的「AI智慧應用服務發展環境推動計畫」為例，該計畫由工業局偕同資策會、中華民國資訊軟體協會、台北市電腦商業同業公會、台中市電腦商業同業公會、國立中山大學、十個產業公協會共同推動AI落地應用。

此計畫本身涉及的內外跨組織、跨部門成員相當眾多，且各公協會也需要一套方法協助會員推動智慧化與轉型，因此，資策會基於STEPS舉辦「AI推手培訓營」，協助產業在導入AI時，找出能夠進行實證的AI相關人才。同時，前述各推動單位也運用同一套輔導作法，除了確保團隊產出的一致性之外，更驅動AI成功落地應用的標竿個案。

邁向數位生態發展之路

ROAD七大階段

在數位轉型的需求驅動下，資策會以科技方法或新興技術協助業者數位化和優化、推動跨領域業者合作創新商業模式、強化數位轉型產業生態，協助產業從數位化、數位優化到數位轉型，進行不同層次的共創與創新。其中，**建立數位生態思維**更是重中之重。

建立數位生態思維

近年，日新月異的智慧科技不斷推著產業大步前進，以數位科技為核心的新興數位生態應運而生，進一步掀起新一波數位生態發展浪潮。數位生態中的各類成員跨界合作，彼此共依、共存、共創、共享、共榮。由於數位生態近期備受產業關注，重要性與日俱增，因此如何有效健全、永續發展數位生態，成為當前產業面臨的關鍵課題。

一般來說，**數位生態發展有三大議題：（一）創新本身要具備獨特性；（二）關鍵零組件或配合的夥伴，能不能共同提供所需要的創新；（三）當創新產品推廣出去時，所有的配套如物流、銷售通路或人才等各種措施，能否對應搭配的創新機制。**

以硬體的創新為例，業者有一個新產品的創意構想，不過，關鍵零組件在具競爭力的成本之下能否滿足

這個新產品要求？若沒有這樣的同步配套，就只能產出一個很好的產品雛形，沒辦法商業化。因此，所謂的「**生態思維**」，指的是：**任何創新要能夠成功，必須是一個End-to-End生態，同時也需要解決前面三項議題**（詳見圖3）。

換句話說，一個真正成功的產品或服務創新，需要具備生態End-to-End思維，意指打通前述三個議題，從頭到尾才能讓創新落地。因此，今日的數位創新必須從生態思維角度全面分析，也就是需要具備生態藍圖觀，從中分析我們預見未來的創新生態為何？有機會的創新產品概念是什麼？或潛在的斷點（痛點）在哪裡？或許這些創新的產品概念或痛點，可能就是創新商機所在。

圖 3 生態思維

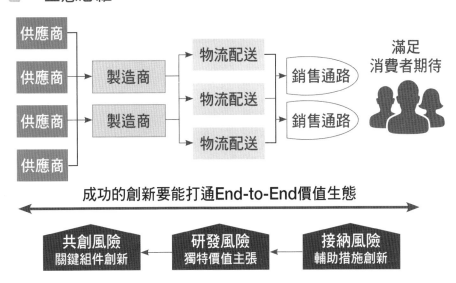

資料來源：資策會

數位生態發展階段：
ROAD（R0～R6）

對於數位生態的建立，資策會已經建構一套數位生態發展的方法，簡稱ROAD（Roadmap Of Alliance Development），包含：R0跨界共創主題、R1擘畫生態藍圖、R2開發價值客群、R3聚焦核心優勢、R4鏈結生態夥伴、R5設計監理機制，以及R6籌組生態聯盟七大階段：

R0跨界共創主題

建構數位生態的第一步，就是思考問題為何？正如同愛因斯坦所說：「如果我有一個小時拯救世界，我會花55分鐘來想問題，五分鐘思考解決方案。」不過，思考生態的問題往往是最為困難的，特別是跨不同領域的問題。在R0跨界共創主題階段，建議先召集關鍵跨域生態成員，共同思考生態中「顧客迫切需要的問題」，最後設定願景目標。

首先，團隊要釐清「任務導向」或「創新導向」的問題。任務導向的問題來自現有產品或服務無法滿足現有客戶或新顧客的需求，或者因為高成本、延遲性高、品質差、功能不完善等，阻礙顧客購買產品或服務。此時，聚焦產品或服務的改善，或是延伸與修改既有服務流程即可。

創新導向的問題，則來自於探索新趨勢所帶來的全新價值、潛在未被發現的顧客價值。透過一系列工具，可以協助跨界生態成員，共同探索潛在顧客需求、商業服務、社會結構或新技術中的斷點，找出具有思考突破性和創新性的主題探討；同時進一步思考：自身的產品服務滿足顧客的價值主張為何？也就是說，顧客可以從我們的主題獲得什麼樣的利益或好處？

透過前述討論提出共同倡議的價值目標，做為大家一起形成創新數位生態的共識，才能匯聚共同的能量投入發展創新數位生態。所以數位生態發展的第一階段目標，就是要跨界共創產出價值主張與願景目標，包含：（1）倡議的價值主題（Why）；（2）實現價值的有效手段（How）；（3）設定目標與採取行動（What）等內涵。

R1擘畫生態藍圖

完成對外倡議的數位生態價值主題後，緊接著要展開數位生態藍圖的發展規畫，也就是R1擘畫生態藍圖階段。**數位生態藍圖就是數位生態的發展地圖，以共同倡議的價值主題與目標為核心，規畫數位生態中具商業發展潛力的商業模式，透過各種實證的情境展現商業模式，形成轉型升級的群聚生態**（詳見圖4）。

一個成功的產品或服務創新，往往藉由生態End-to-End的共創

服務，來達成承諾顧客的價值主張。在這個階段，數位生態的發展團隊彙整以下研究與規畫，共創產出前瞻趨勢報告，做為對外倡議數位生態的說明：

一、發展趨勢與需求

包含：定義與範疇、全球市場趨勢、未來需求情境說明。

二、數位生態藍圖規畫

包含：產業綜覽、價值主張、數位生態發展願景。

圖 4　**數位生態願景藍圖**

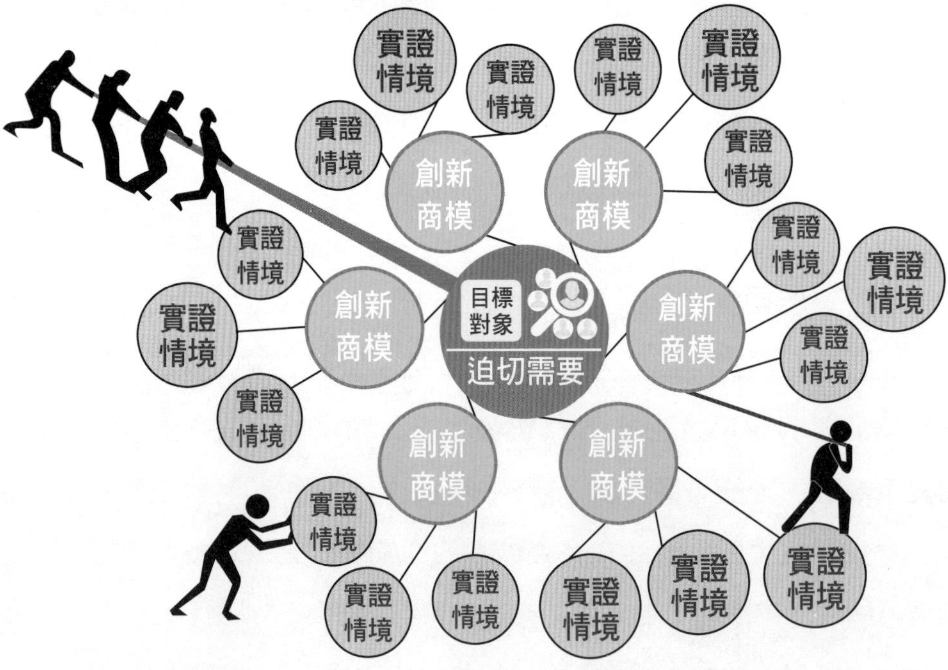

資料來源：資策會

三、數位生態建構

包含：（1）數位生態平台特色，針對第一階段發展的創新數位生態價值主題，描繪發展該主題所需的平台服務架構與特色；（2）數位生態夥伴鏈結，說明本階段所述價值主題的商業模式，描繪傳遞價值主張所需的活動、活動之間的關聯及參與者等；（3）數位生態永續商業模式，說明前述數位生態平台如何共創、擴展、營收，透過持續活絡數位生態平台來支持數位生態永續營運。

R2開發價值客群

為使數位生態永續發展營運，需要開發價值客群形成商業模式，稱為「顧客開發」。此階段工作重點為透過各種驗證進行顧客開發，找出對數位生態平台與各類商業模式有價值、有貢獻的顧客群（詳見圖5）。

圖 5 **開發價值客群**

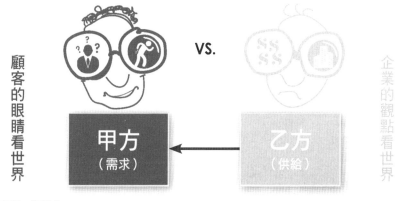

顧客的眼睛看世界　VS.　企業的觀點看世界

甲方（需求）　←　乙方（供給）

資料來源：資策會

　　價值客群的開發是一連串不斷假說與驗證的過程，以圖4的數位生態願景藍圖來說，針對發展核心價值主題所需的數位平台服務，規畫一系列顧客開發所要驗證的假說與驗證計畫。透過驗證活動的展開，釐清顧客是誰、顧客需求與議題、產品與解決方案、行銷、通路等，逐步找出先導顧客、目標顧客、天使顧客、規模顧客等。也就是說，**顧客開發是商業模式發展的最重要工作**。

　　在這個階段，必須運用價值主張工具探討價值客群及提供給顧客的獨特產品與服務。透過價值主張工具轉換為顧客的眼睛看世界，了解顧客，包括：顧客需要完成的任務、想解決的問題、遭遇到的痛點、想獲得的好處。另一方面，以企業的觀點看世界，分析公司能提供給顧客的產品與服務，包含：價值主張、痛點解方、獲利引擎等。

R3聚焦核心優勢

　　現今面臨的競爭往往不是產品服務功能，而是生態之間的競爭。在R3聚焦核心優勢階段，透過釐清需求方（即甲方）、供給方（即乙方）的供需現況，找出現有供給與需求之間未被滿足的缺口，以便訂出具有核心優勢的第三方（即丙方）。

　　也就是說，不斷探討甲方、乙方之間為什麼非要第三方的丙方，然後聚焦在促使甲方跟乙方達成合作，甲方跟乙方的合作愈是蓬勃，第三方的丙方關鍵位置也會愈被突顯並隨之發展，這就

是聚焦在第三方服務的核心優勢（詳見圖6）。

丙方角色的思維就是善用丙方，讓甲方（需求）買得又好又便宜、乙方（供給）賣得又快又多，丙方聚焦扮演助買跟助賣的角色，成為一個第三方平台。當有了甲方、乙方及丙方三種角色，生態就有了基本雛形。

舉例來說，Airbnb就是聚焦在第三方服務的丙方角色，幫助想租房子的消費者（甲方）租到又好又便宜的房子，同時幫助有房子的業者（乙方）把房子出租率提高，Airbnb同時助買跟助賣，扮演好第三方的平台服務角色，這就是丙方角色的思維。

在這個階段，透過一系列工具與引導方法，包含：商業模式畫布（Business Model Canvas，BMC）、精實畫布（Lean

圖6　聚焦核心優勢

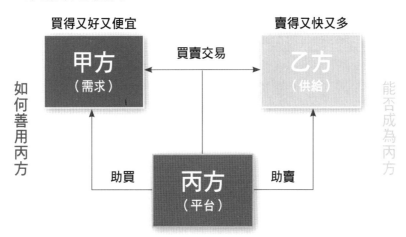

資料來源：資策會

Canvas）、顧客旅程地圖（Customer Journey Map）、平台競爭策略等，協助跨界生態成員，共同確立角色、商業模式或分潤模式和生態競爭策略，以強化生態發展策略。

R4鏈結生態夥伴

在確立了價值主張、生態藍圖、價值客群、生態核心優勢後，進入到R4鏈結生態夥伴階段 —— **要思考生態蓬勃發展，需要更多相關夥伴的加入，讓生態商業模式健全發展**。競爭讓生態更快、合作讓生態更好，針對共創夥伴（丁方）設計鏈結機制，讓生態的商業模式能順利發展（詳見圖7）。

圖 7 **鏈結生態夥伴**

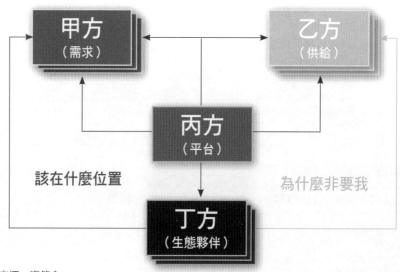

資料來源：資策會

以Airbnb為例，為了讓全球租客與房東更安心地進行交易，他們鏈結房東，同時在平台內建置非常完善的房東、房客規範與評價制度，促使整個平台規模迅速擴張。另外，Airbnb結合保險業者，在特定國家推出房東保障計畫，若發生受保房子遭房客破壞，Airbnb為房東提供房屋損失賠付保障，藉此保障房東權益。這些方式都是第三方平台鏈結生態夥伴（丁方）的具體作法，目的就是為了讓商業模式順利發展。

在R4鏈結生態夥伴階段，透過一系列工具與服務鏈結，包含：商業模式驗證、商業模式畫布、精實畫布、顧客旅程地圖、產學合作、產品開發合作、新創競賽機會等，協助生態團隊將商業模式具體化並對接其他合作夥伴。

R5設計監理機制

當生態中的甲、乙、丙、丁角色順利合作、商業模式成形，資策會團隊因應法人的獨特角色，進一步思考「**如何將第三方服務的丙方平台角色移轉給業者營運**」，這樣一來，資策會團隊退居監理（即戊方）角色，扮演公正的監理單位，讓整個數位生態更健全地發展（詳見圖8）。

擔任監理的戊方角色，包含：資料隱私保證、產品服務合規檢測、資安檢驗證、人才訓用合一證照等服務。透過公正公開的監理機制，確保生態成員間產品服務合作的信任關係。

在R5設計監理機制階段,透過一系列驗證文件模板、監理經驗論壇、產品服務檢測、資安驗證、法律諮詢等,提供生態團隊監理機制服務。

R6籌組生態聯盟

數位生態的發展,需要各方投入與共同推動,架構於前面各階段發展,產出最小可行生態(Minimum Viable Ecosystem,MVE);然而,創新生態要落地,需要更多力量的加入。因此,

圖8　設計監理機制

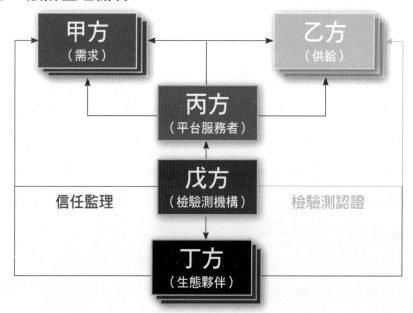

資料來源:資策會

這個階段著重相關組織合作的設計，以形成合作的生態聯盟為推動目標，運作聯盟讓生態團隊進一步擴大影響力，向外進行拓展。

在R6籌組生態聯盟階段，透過一系列活動協助，包含：籌組聯盟、研討會活動、經銷商業模式、對接國際標準、拓展海外市場、鏈結國際聯盟等，協助生態團隊擴大影響力。

推動數位轉型學堂
聚焦企業需求發展解決策略

資策會於2019年成立數位轉型學堂（ACE School）培訓數位轉型ACE（Architect、Consultant、Evangelist）顧問專家，運用前述STEPS方法及數位生態發展方法協助產業進行創新轉型（更多介紹請見P.156）。資策會並於2022年提出TR25目標（One III ── Transformation 2025），期許發展高階顧問服務與第三方服務協助產業創新與轉型，同時因應數位轉型學堂2.0，培訓具備數位生態商業模式創新能力的ACE顧問專家，建構STEPS知識協作平台，以支援前述工作發展。

STEPS知識協作平台，包含：（1）ROAD數位生態發展知識框架、STEPS等數位轉型方法；（2）產業創新常用的服務設計工具；（3）顧客面談與議題分析框架（SMART框架）；（4）累積

企業與產業輔導轉型的個案庫，以這些資產為基礎，提供顧問在各自所屬的特定領域（例如：醫材公會）進行顧客開發、價值目標共創與驗證計畫，達成發展商業模式與發展數位生態的目標。

ACE顧問專家可以運用STEPS知識協作平台，提取過去資策會所累積的數位轉型個案與經驗，落實資產導向的顧問服務，並透過該平台，解決目前靠顧問人力運用現有通訊軟體輔導創新方法流程時，所衍生創新經驗四散無法累積、協作與共創溝通成本高與效率低等課題（詳見圖9）。

名詞解釋｜數位轉型學堂

企業進行數位轉型過程中，需要有專業平台協助整合領域知識、對接成熟的解決方案，才能讓轉型之路走得更順。因此，資策會整合跨部門資源催生「數位轉型學堂」（ACE School），於2019年5月啟動，目前已培育超過200位ACE顧問專家。

A、C、E三個英文字母分別代表三種人才 —— 培訓出兼具轉型知識的建築者（Architect）、負責對企業健診且具有洞察問題能力的顧問（Consultant），以及如同傳教士一般宣揚理念的生態擘畫者（Evangelist）。這些顧問專家有能力協助企業釐清當下營運現狀，找出迫切需要解決的難題，或期待滿足的需求，據此規畫最適當的數位策略和行動方案，按部就班加以落實，讓企業穩步朝向轉型升級目標邁進。

圖 9　數位生態顧問服務架構

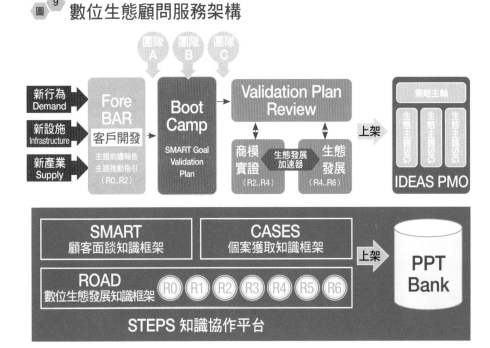

資料來源：資策會

名詞解釋｜STEPS知識協作平台

　　係指資策會提供數位轉型ACE顧問專家及企業進行數位轉型專案時，需要跨組織跨團隊共創協作的線上環境，包含：數位生態方法書、設計工具指引、數位轉型專案管理等，都可以在線上網站查詢及進行。

◀ STEPS知識協作平台

借鏡經驗解決商業難題
個案庫自有妙計

　　自 2018年起，資策會積極扮演「數位轉型化育者」的角色，協助國內各行各業數位轉型。在輔導企業的過程中，體會到數位轉型不只是技術升級或導入而已，更沒有單一解決方案。因此，「個案執行經驗」就成為資策會最珍貴的資產。

　　過去基於廣宣行銷需求，比較強調行銷與呈現成果的亮點，反而容易忽略記錄執行的痛點和問題解決的抉擇過程。但若從個案分享、經驗傳承、創意發想、觀摩應用、成果驗收，以及研究失敗的角度來看，這些都是重要的參考資料，值得做為教學案例與資源。

　　科學家指出，「研究失敗經驗」能讓我們掌握失敗所產生的負面資訊，避免往錯誤方向重蹈覆轍，能保留時間嘗試新方向或改良失敗案例。

厚植高質量個案庫
診斷企業痛點提供解方

　　專案執行的關鍵因素，不外乎是人才（People）、技術（Technology）和流程（Process），而過程中的每個環節 —— 從執行團隊的願景、動機、溝通解題、專業知能到數位轉型成效，都該被有系統化地真實記錄與保存。

　　資策會所累積的數位轉型個案故事，不僅詳實記錄執行的策略思維，也示範團隊人員扮演的角色、所採用的創新技術及解決之道。每個案例也清楚說明組織或客戶領導者（User）正面臨哪一種需要迫切解決的問題（Problem）或處境，又該用何種方法克服，促使效益（Benefit）展現。

　　透過分析各種成功以及失敗的案例，逐步構成龐大的個案庫（PPT Bank），資策會逐步建構無形的知識資產，達到經驗分享、行銷推廣和知識傳承。

　　這些蘊含實務經驗的個案庫，可再進一步整理成組織內部顧問服務工具包（Tool Box），協助客戶快速找到相似案例的解法，或從過去經驗學會破解陌生問題。資策會運用豐富的個案庫，使得顧問不再單打獨鬥，能善用個案資產，集結眾人知識經驗，幫助產業解決各種問題，推展顧問業務，藉由群組化輔導企業走得久走得遠（詳見圖10）。

　　整體來說，個案庫的建置，可藉由和外部企業互相觀摩、交流，拋磚引玉促使企業選擇適合自己的數位轉型方案；對內也可藉此提供內部培訓教學，陪伴夥伴成長。由此可見，個案庫的重要性與實施的必要性。

圖 10 知識協作平台

資料來源：資策會

釋放跨領域資源
加速賦能產業轉型

　　2018年7月，資策會定位為「數位轉型化育者」，並成立「數位轉型學堂」整合會內的跨領域資源與經驗，迄今內部已培育兩百多位在**智慧製造**、**金融科技**、**零售物流**、**數位行銷**等領域專長的ACE顧問群，扮演第三方角色整合各界力量，以共創協作方式連結供給端需求端雙方，提供產業數位轉型，以因應數位經濟時代所

帶來的各種挑戰，同時累積與企業共創協作數位轉型的實證案例。

　　持續深入產業之際，資策會驅動產業型態改變、創造新興生態商業模式，並提供創新產品和服務。有鑑於產業數位生態模式的出現，2021年起推動產業跨界共創數位生態藍圖，加速數位生態發展，衍生新興主題個案，改變傳統競爭思維，與上下游業者跨業共創，達到產業分工合作、互利互惠。

　　2022年，資策會更將接案手法、顧問培訓、數位轉型解題方法，整理成前述STEPS知識協作平台，透過數位生態發展方法R0～R6，將每個個案事件過程邏輯性地記錄下來。未來，將蒐集來的個案及累積經驗，藉由觀摩應用推廣，創造新興商業模式，擴大市場規模，推升各產業數位轉型的成功率。

數位轉型個案
撰寫要點與架構

　　隨著新興科技驅動產業型態改變，數位生態商業競爭模式陸續出現，使得企業必須學習與上下游業者共創互利互惠，型塑跨業整合的合作關係。

　　為因應這波數位革命，資策會的數位轉型學堂除了人才培育之外，還運用會內專長的前瞻研究核心能力，針對產業痛點、生態主題、策略主軸和選題對策等，協同各界專家資源整體規畫，

推進供給端與需求端來協助企業轉型，分享協同夥伴、共創數位轉型個案。以下從個案撰寫類型、態樣及編審程序來說明資策會個案機制：

個案類型依流程而異

如果依創作流程，數位轉型個案可分為教學型個案、紀錄型個案和傳播型個案三種類型。一般來說，若因應教學目的而撰寫的個案屬於「教學型個案」；整體創作過程完整記錄下來即完成「紀錄型個案」；若因應特定場景需求分享格式重新撰稿後，即為「傳播型個案」。

（1）教學型個案

這是針對個案問題設計的個案分析與課程討論教案，主要目的是引導學員討論解決陌生問題。教案內容以學習目標與相關理論，讓學員討論如何解決企業困難痛點。教學指引要點包含：企業背景、問題描述和教學手冊。

（2）紀錄型個案

主要記錄個案推動的過程、運用的方法工具、產生的成果與格式，目的是系統化地真實記錄每個個案執行者的實務經驗。內容包含：核心團隊確立價值目標、找出產業生態藍圖、設計商業

服務模式、驗證有效最簡生態服務、發展生態商業模式，以及鏈結協作擴大生態聯盟。

（3）傳播型個案

　　以故事案例的方式，說明個案影響及數位轉型成效，主要目的是個案行銷廣宣，多以簡報、文字稿、影音拍攝方式呈現。內容包含：問題痛點、解題策略、成效與價值。

　　另外，如果依數位生態發展模式來區分，數位轉型個案可分為以下三種類型：

（1）新興生態個案

　　數位轉型涉及的層面較廣泛，從企業流程、營運方式、供應鏈整合、商業模式、組織決策和產業生態系統都有轉型或改變，使供給端因此探索更多數位商機，也從需求端找到問題解決方案。

　　這類型的新興數位生態應用方案，以資訊軟體產業為例，除了整合跨領域技術與應用和發展垂直領域解決方案之外，還建構資訊軟體、資訊服務或系統，來整合業者和完整綿密的產業分工體系等，共同創造產業共生共享數位生態，這種類型個案就稱為「新興生態個案」。

（2）創新商模個案

在身處不確定的環境變遷、網路攻擊、各種風險衝擊的新常態之下，如COVID-19疫情延燒、俄烏戰爭供應鏈影響，雖難以預測，企業仍應預做準備。台灣以中小企業為主體，伴隨著新興技術的推陳出新，企業以轉型、突破傳統的經營與商業模式，並運用敏捷速度在企業內部決策運作發展、建構數位商業模式和鏈結外部合作夥伴，以降低不確定事件發生的衝擊風險。這種類型個案稱為「創新商模個案」，其特色為處於劇烈的環境變遷仍能屹立不搖。

（3）場域專案個案

顧問專家群針對特定痛點場域診斷分析數位化方向，協助企業及其員工擬定具體數位化或轉型目標與策略，以降低數位轉型過程風險，改善企業組織營運效能，或創造新的顧客體驗商業模式服務，這種類型個案稱為「場域專案個案」。

儘管個案會因其流程或生態發展而呈現不同態樣，撰寫內容基本上應包含：（1）企業基本資料：如資本額、營運項目、事件時間、專案經營者與團隊；（2）內容摘要：如個案名稱、背景、動機、議題需求、目標、解題工具、合作夥伴、成效、成敗關鍵；（3）個案領域：如第三方服務、資料治理、資安、AI等主題說明。

編審程序

　　個案創作有其目的，教案內容須經編審過程，修訂後定稿，這樣的過程稱為「個案收錄編輯程序」（詳見圖11）。

　　至於個案資產協作過程，從SMART接案程序、運用數位生態發展方法、STEPS方法、ACE顧問藉由ACE School跨界共創，協助業界數位轉型創新服務、創立新事業群或創新產業生態，再由ACE顧問運用累積個案觀摩方式推展出去。如此透過個案分享與協作善用知識服務形成正向循環，讓個案得以永續經營（詳見圖12）。

圖 11 個案收錄編輯程序

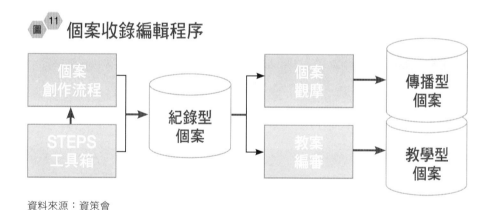

資料來源：資策會

名詞解釋｜SMART接案程序

　　意指以挖掘客戶需求（Survey）、釐清關鍵議題（Measurement）、籌組團隊行動計畫（Action）、建構累積資產庫（Resource）、轉變評估持續改善（Transformation）知識框架，進行顧客訪談。

圖 12 個案資產協作程序

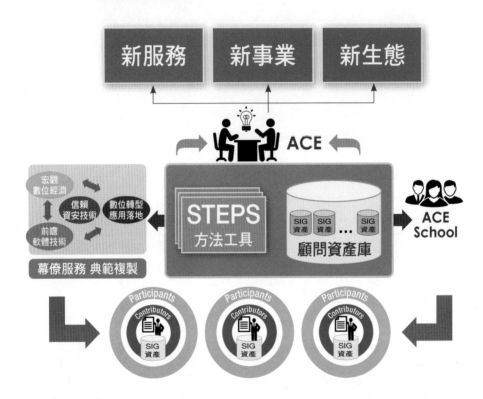

資料來源：資策會

個案範例

以下從數位生態發展方法模式，審視資策會推動幾個標竿個案成果：

新興生態個案

個案名稱：資安所轉型歷程

首先，以資策會資安所促成部分業務衍生成立公司，並重新定位調整組織的轉型過程為例（詳細個案內容成果及效益，可參閱第3堂課）。

就數位生態發展方法來看，資安所數位轉型發展如下述推進：

R0階段：界定價值目標與籌組核心團隊，促成衍生公司重新定位資安所核心價值。

R1階段：找出關係角色繪製生態地圖，如成立資安鑄造廠與領域資安特攻隊。

R2～R4階段：設計核心產品服務與商業模式，規畫資安鑄造廠商業模式並成立衍生公司，同時重新定位並調整組織 —— CSTI as a Service，以推動資安智慧聯防產業生態。

R5階段：鏈結有效遞送客戶價值的最簡生態服務藍圖，如成立台灣資安鑄造—半導體供應鏈威脅獵捕平台、資安長好幫手生

態、前瞻物聯網檢測聯防生態。

R6階段：鏈結協作關係以擴大生態影響，如打造資安智慧聯防推動聯盟（To Be Define）。

創新商模個案

個案名稱：數位分身發展智慧食品產業（農業／種植業、畜牧業、水產業）創新模式

這是資策會以溫室醫生、溫室教練和農業發展創新服務，協助傳統第一級產業數位轉型創新商業模式的個案故事（詳見P.182）。

所謂的溫室醫生，就是資策會擔任環境醫生，以AI技術診斷環控設備與系統，整合並萃取農民操作行為特徵研究。溫室教練，即資策會建立的農林漁業達人數位分身，運用數位科技智慧生產，提供及時分身經驗決策建議，智慧化自動環控監控協助農場管理。至於生態服務，則是合規生產、達人培訓、產銷合規媒合，協助農業一條龍發展轉型。

後續在第5堂課的「智慧農業數位分身」，將針對此案例有更詳盡的介紹。

場域專案個案

個案名稱：打造綠電交易全方位能源新服務商模

因應政府2017年《電業法》的修訂，以及2019年《再生能源發展條例》的修正，台灣逐步開放再生能源市場自由交易。例如正崴集團旗下的富崴電力就與資策會合作，整合物聯網、大數據、雲端技術、再生能源場域數據資訊，打造綠電能源交易平台，提供供給端與需求端一站式服務。

富崴電力提供個別用戶客製化服務，對市場變化也具有一定掌握度與敏銳度，可以及時調整公司經營策略方針，成功創造客戶與售電業者雙贏，帶動綠能發電產業轉型。

個案名稱：網路宣傳AI輔助查核第三方服務

國內電商平台每日上架超過十萬種以上商品，縣市政府衛生局為避免民眾遭受商品不實廣告影響，降低民眾檢舉投訴，投入大量人力耗時進行網路巡邏，又因查核人員見解不一，導致裁罰沒有一致標準，所以期望透過AI解決方案提供自動化辨識，判斷是否涉及違規，同時擴大巡邏頻率與範圍。

資策會以社群分析與爬蟲開發經驗，並運用知識圖譜技術結合法律條文與過去裁處責罰的案例，協助主管機關設計有法源依據

且具備公信力的自動化查核檢測服務，進行數位存證。電商平台業者亦可串接檢測上架廣告／商品，通過給予認證以免受連帶處罰。

向個案取經是達到標竿的捷徑

資策會自2019年成立數位轉型學堂以來，以共創協作方式鏈結供需雙方，建構數位轉型合作模式，並將每年與業者共創場域專案中，挑選代表性個案，出版兩本數位轉型化育者專書，共計累積65個與業者共創傳播型個案，每一個案於「數位學堂轉型學堂網站」公開傳播，提供大眾擷取參閱（https：//aceschool.iii.org.tw/）。

▲ 數位轉型
化育者專書

個案庫是組織文化重要資產，資策會正持續蒐集中，累積完整執行經驗個案量，分類整理成個案集。

資策會扮演「數位轉型化育者」的角色，除了自我運用數位生態發展方法持續轉型，也將自身經驗與工具方法運用在輔導與企業共創過程中。這些累積個案將陸續撰寫收錄，除了建立共享且可及時提供行銷與溝通素材外，更可型塑組織內個案語言文化，期能激發多元創新思維，展現專業權威，布局新興數位生態藍圖，提供各界參考。

後續除了透過網站及媒體、刊物推廣宣傳外，將藉由辦理個案觀摩會、工作坊等數位行銷方式，將資策會個案經驗公開與企業交流分享，提供更多有興趣、有需求的企業數位轉型。

資安聯防

示範打造數位創新生態

注入敏捷精神

迎戰資安新時代

在第2堂課，介紹了產業創新化方法STEPS五階段，以及從顧客開發、商模實證，再到生態發展的ROAD七大階段，這些新的方法，單看理論介紹可能較難理解，因此資策會率先從會內發起改革。以下就資策會資安科技研究所Cybersecurity Technology Institute（簡稱資安所，CSTI）為例，分享資策會於資安領域逐步建構數位生態的案例。

資安所過去專注於前瞻資安軟體研發，長期的主要任務為執行政府科專計畫。或許你會好奇，這個以研發導向為主的單位，為何要在2021年開始不斷挑戰自己、進行數位轉型？其實，改變的起點在於內部對於研發技術落地的呼聲，以及外在環境駭客不斷發起一波波有組織性的攻擊，促成了兼顧需求和供給且全新的資安聯防數位生態。

駭客攻擊猖獗
催生轉型契機

前述提到，外在環境快速變化，供應鏈中的資安威脅持續加劇，資安漏洞或攻擊議題在2021年相繼占據美國《華爾街日報》、彭博社、路透社等國際知名媒體頭條版面。

　　駭客針對各國政府部門、醫療、水電、交通和金融等國家重大基礎設施發動勒索攻擊，對於許多國家來說儼然形成國安威脅，讓「資安防護失效」的議題在國際舞台上受到高度關注。根據美國資安大廠Fortinet指出，勒索軟體針對電信產業的攻擊最為猛烈，同時更改變攻擊策略，由過往竊取使用者電子郵件內容的方式，改為駭入企業網路存取權限。這類資安課題，進一步也助長「勒索病毒即服務」（Ransomware as a Service，RaaS）的發展。

　　換句話說，「勒索病毒即服務」成為駭客間興盛的商業模式，不僅替更多小型駭客攻擊者提供技術和專業知識，甚至助長大量攻擊事件的發生，對資安生態帶來危機與負向循環，為全球商業活動帶來重大衝擊。

　　2021年也是工控資安威脅甚囂塵上的一年，該年度發生多起工業控制系統（Industrial Control System，ICS）以及營運科技（Operation Technology，OT）相關網路攻擊事件；其中，最著名的事件為美東燃油輸油管系統的營運商「殖民管道」（Colonial Pipeline）遭駭客組織DarkSide發動勒贖軟體攻擊 —— 駭客加密該公司的系統檔案，竊走近100GB資料來向該公司要脅贖金，導致美東地區公路運輸大亂、許多加油站燃油短缺，美國政府一度宣布緊急狀態。

三階段全所改造拚升級

上述一個又一個問題成了推動資安所的轉型動力，「**被轉型浪潮淹沒前，先革自己的命。**」資策會副執行長楊仁達的話猶如指路明燈。如今，資安所歷經三階段轉型，從0開始，展開自我與資安生態革命（詳見圖1）：

階段一：拆分政府資安防護需求與資安技術研發角色，資安所專注於研發。

階段二：促成衍生公司，由台灣資安鑄造股份有限公司（CyFoundry，簡稱台灣資安鑄造）做為中間媒介，連結資安所與產業。

圖1 資安所三階段轉型

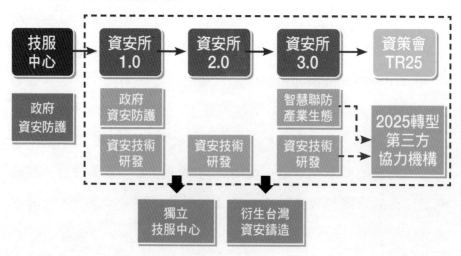

資料來源：資策會

階段三：資安所再定位，發展資安智慧聯防生態，解決產業對資安部署、合規與人才的需求。

從技術研發到聯防生態，從計畫思維到服務思維，歷經一年轉型的資安所從定位、組織、商業模式到人才全數打掉重練、重新塑型，一路往2025年轉型第三方協力機構的大道前進。

以終為始
三步驟建立轉型能量

方向確認後，該如何啟動呢？要改變長期技術導向的思維並不容易，為了順利推動改造，資安所展開三大步驟：

步驟 1 組織調整

想要解決產業問題，就得先打破以技術優先的組織架構。資安所進行第一階段的組織改造，除了將負責政府資安防護的技服中心拆分獨立之外，也將原有各中心任務重新規畫，分成五個中心與一個鑄造廠，分別為：智慧雲端平台中心、創新通訊安全中心、網駭科技研析中心、聯網安全發展中心、產業資安卓越中心，以及資安鑄造廠。此外，組織改造後個別賦予DOG任務 ── 意即Development（安全設計與開發）、Operation（安全生產與營運）、Governance（合規安全治理）（詳見圖2）。

步驟 2 研發、鑄造、生態層層推進解決產業問題

新的組織架構撐起資安所三足鼎立的需求，由研發、鑄造、生態層層推進，以解決產業發展問題。

研發實驗室

技術團隊化身工控、智慧（AI）、5G、晶片四支資安特攻隊，扮演資安所研發引擎，針對不同領域進行前瞻研發攻堅。當

圖 2 資安所組織調整DOG任務

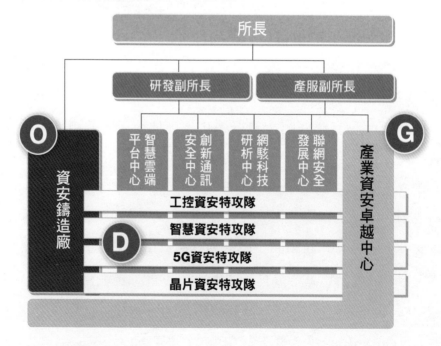

資料來源：資策會

技術成熟後，再與資安鑄造廠銜接進一步轉動商業化策展；其中，若有產業急需的技術、工具，也能直接將團隊落地為新創，快速補足缺口。

資安鑄造廠

負責將政府科專計畫所研發的技術商業化，呼應現階段產業資安解方不足的窘況。主要瞄準醫療、工控、5G、金融、晶片等領域，準備初步切入的技術與建立產品優勢。

產業資安卓越中心（CCOE）

資安需求隨產業應用與科技更新動態滾動，因此，CCOE肩負起前瞻布局、標準驗證、顧問輔導、人才培育、智庫情蒐和創新育成等服務與工具提供。同時藉由生態發展，提供商模驗證、聯防環境建構與新創孵化等相關需求。

步驟 3 凝聚組織成員共識

要減少轉型摩擦，先決條件是組織內的每一個人都有共識。資安所透過資策會ACE顧問帶領的「GO Far共識營」進行新定位探索與共識凝聚，營隊演練中藉由對願景的描述與想像（詳見圖3），思考轉型過程中需要落實的方法與策略，也重新盤點自身優勢與可能遇到的瓶頸。

「營隊讓同仁更清楚『資安產業自主力』與『領域資安防護力』兩大核心,將是邁向轉型不可或缺的力量。」資安所所長何玲玲指出,當時資安聯防生態概念已經初步成形,但該怎麼落實還需要增減(詳見圖4)。首先是減少技術導向的思維,其次則是

圖 3　資安所重塑願景與定位

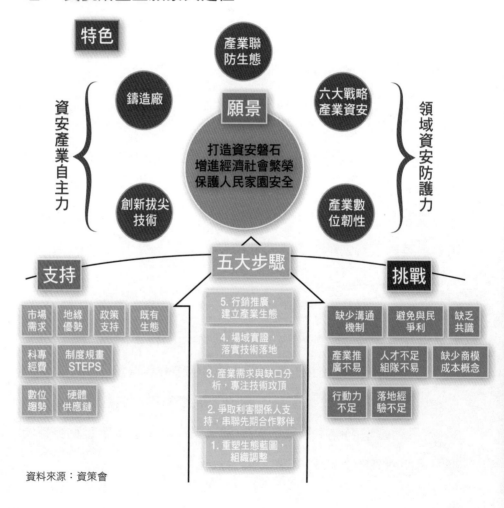

資料來源:資策會

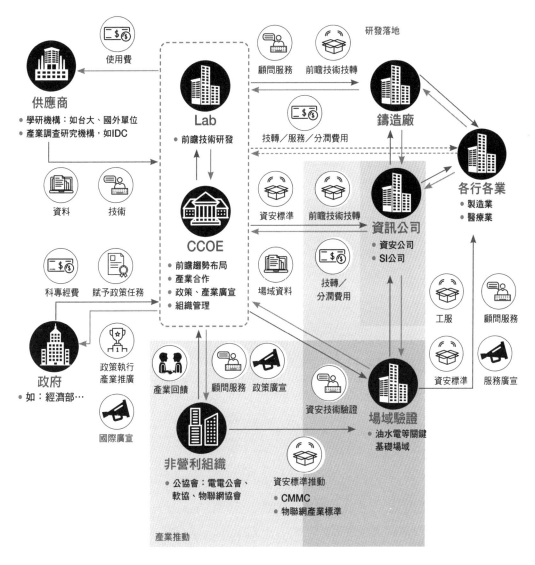

圖 4　資安所增加協作與商模DNA

→　技術／服務提供
→　金流／效益回饋

加進更多產業協作、商業模式的DNA元素。

　　資安所的轉型準備，反映了「**成果盤點，價值聚焦；顧客開發，敏捷實證**」的理念，意在找出適合推動新創團隊的協作架構，並聚焦培訓、實戰與研發等核心價值。在高階主管的支持下，希望轉型成具備應變力的「敏捷型組織」。

　　在GO Far共識營之後，除了加速凝聚全所轉型共識之外，以解決產業問題為經，人才、技術、協作、商模為緯，交織起產業的資安智慧聯防大網，也正式確認資安所轉型的新價值。

名詞解釋｜GO Far共識營

　　GO Far共識營為資策會數位轉型學堂提供的工作坊，由ACE顧問所帶領，藉由產業創新化方法STEPS依主題進行需求挖掘、主題目標、鏈結組隊、先導實證與服務擴散五階段，以凝聚團隊對組織轉型的共識。

發展資安智慧聯防生態

切入資安缺口深化防護

什麼是資安智慧聯防生態呢？簡單來說，就是當產業有資安需求時，都能找到解決方案。但要讓有效的解決方案源源不絕，資安端必須串聯起公協會、產業和資安業者，三方共創解方概念；此外，產業端也需各領域業者導入解方驗證，以生態形式推動許許多多的資安標準、檢測服務、顧問輔導或人才培育方案，藉此讓企業有需要時，都能找到對的人和方案（詳見圖5）。

資策會副執行長楊仁達認為，**單打獨鬥還能成功的年代已經過去，現在是協作的時代，發揮生態圈的力量，才能讓1+1>2。**

因此，資安所盤點現有資源，除推動台灣資安鑄造Spin Off形成的供應鏈威脅獵捕生態外，也因應未來趨勢逐步累計十大生態目標，包括：資安長好幫手生態、訓用合一生態、前瞻物聯網檢測生態、醫材合規生態、能源資安擬真攻防生態等（詳見圖6）。

以下羅列三個創建資安生態的個案進行詳細介紹，分別是：（一）供應鏈威脅獵捕生態 —— 由商業驅動的台灣資安鑄造，針對供應鏈中的資安威脅進行獵捕；（二）資安長好幫手生態 —— 由需求驅動的生態，協助上市櫃公司因應主管機關金管會設立資安長或資安團隊

圖 5 資安智慧聯防生態示意圖

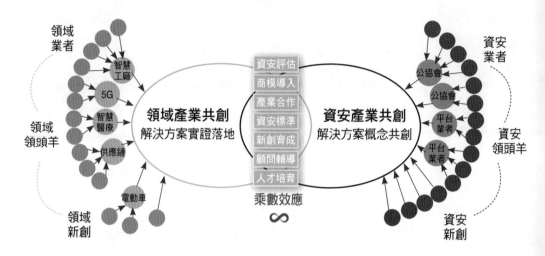

資料來源：資策會

圖 6 資安所十大資安智慧聯防生態主題

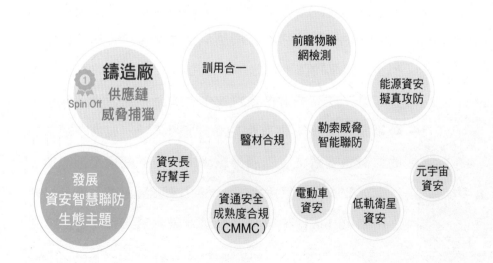

資料來源：資策會

的新規定；（三）資安檢驗測生態 —— 由各產業資安合規需求所推動的前瞻物聯網檢測生態。

一、供應鏈威脅獵捕生態 —— 台灣資安鑄造

2022年6月，遠從美國矽谷傳來一個好消息。在美國在台協會AIT與國發會主委龔明鑫見證下，創投公司Draper Associates與台灣資安鑄造簽約，挹注種子資金強化雙方投資與合作關係。

這家飛翔在台灣與矽谷上空的新創公司，當時還只是幾個月的新生兒，成立大會上包括：時任行政院資安處處長簡宏偉、經濟部技術處處長邱求慧、東元集團會長黃茂雄，以及資策會執行長卓政宏等皆出席慶賀，顯見其不僅是經濟部法人科專計畫的重要扶植對象，也是資策會資安所進行數位轉型後，第一個衍生（Spin Off）公司，因而備受重視。

台灣資安鑄造資本額為4,200萬元，2021年12月成立之初，由前資安所所長毛敬豪擔任執行長，公司業務聚焦在與國內資安業者協作的資安監控平台，發展產業供應鏈的資安威脅獵捕技術，以提供相關的資安防禦、健診、通報與合規服務。

國際資安公司Check Point Research發布的《網路攻擊趨勢：2022年中資安報告》顯示，2022年產業受駭頻率直線上升，包

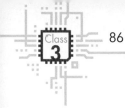

括：教育與研究機構、政府和軍事機構、網路服務供應商等依舊首當其衝；其中，醫療保健機構、休閒娛樂／餐旅業、金融銀行業等遭攻擊次數成長逾六成。

從相關新聞事件觀察，許多網路攻擊更已提升為國家級武器，包含新的攻擊手段，或來自國家支持的駭客組織，而勒索軟體蔓延也成為產業與供應鏈的頭號威脅。

因此，**台灣資安鑄造除了技轉資安所自2013年科專技術研發成果 —— Secbuzzer資安共創平台，藉此切入醫療領域的資安監控與防禦外，也以5G、半導體供應鏈的威脅獵捕技術為核心，透過多種台灣自主研發的資安工具，強化關鍵基礎設施、產業供應鏈與中小企業的數據保護措施做為施力點，發展各領域的虛擬產業聯防機制，目標成為台灣資安獨角獸。**

初期商業化轉型，團隊明確分工

從法人團隊到成軍為新創公司原本就不容易，首先要調適的是心態，其中最大挑戰來自商業模式尚待驗證。

不同於一般企業進行數位轉型，早已習慣市場競爭，台灣資安鑄造的團隊成員全數來自於資策會資安所，過去成員只要掌握未來產業趨勢發展，專注新領域的資安技術研發，並協助廠商將技術導入商用產品的先期驗證即可結案。當驗證場域一旦換成實打實的商戰現場，不僅技術優先的心態（傳統習慣是「研發為

王」）要轉變成產品優先，還得加入「做生意」的思維相互衝撞。

　　轉型初期，資安所在第一階段組織調整時，便切分鑄造廠團隊與研發實驗室團隊，目的就是希望以研發實驗室做為技術支援角色，建立技術產品化開發概念。鑄造團隊則肩負更重要責任，透過一次又一次討論、調整商業模式與市場開發訓練，敏捷且快速地累積對商機的敏感度與落地性。

研發流程緊扣市場需求

　　2021年初，台灣資安鑄造商業模式尚未確認，四條主要技術線：AI智慧資安、工控資安、5G資安、晶片資安的技術團隊已經展開產品化操練，右大腦要負責對應客戶關係、找出市場缺口；左大腦則以生態為框架，確認研發的資安產品有機會變身成為白花花鈔票。

　　每兩週一次的追蹤會議，加上敏捷式動態接收業務開發人員的回饋與建議，讓原本「追求前瞻」的研發流程，漸漸能與市場需求搭起互通橋梁。

以STEPS找出服務擴散機會

　　在商業模式探討上，前台灣資安鑄造執行長毛敬豪觀察許多國內外資安新創的模式，也從產業趨勢中找商機，再藉由第2堂課

所提到的產業創新化方法STEPS（Survey需求挖掘、Target主題目標、Engage鏈結組隊、Pilot先導實證、Spread服務擴散），一點一滴歸納、淬鍊出可商轉的方向與產品（詳見圖7）。

　　隨著Spin Off時間愈來愈近，相關行政流程，包括：技術資產

圖7 台灣資安鑄造商模探討與演練

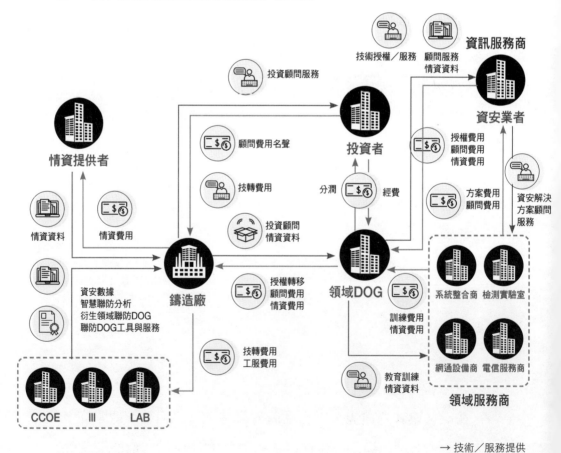

資料來源：資策會

→ 技術／服務提供
→ 金流／效益回饋

鑑價和作價、Spin Off人員意願調查；鑄造廠與資安所後續協作機制、介接規畫到產品移交測試等，也如火如荼地進行。

「**對的團隊、對的題目，加上對的時機，就是成立資安新創的關鍵。**」楊仁達副執行長在接受台灣資訊科技產業新聞網站iThome採訪時曾做過上述表示，當時他兼任資安所代理所長，是推動數位轉型的最大掌舵人。

楊仁達副執行長進一步地說，過往他認為資安是煞車皮，但隨著整體產業、社會數位化，他更肯定「**有資安才有競爭力**」。資安所更應肩負起落實資安智慧聯防、守護台灣網路安全的責任。

從一地到一區，聯防無國界

歷經超過100場資源整合面談、400場技術、商機討論會議，台灣資安鑄造終於迎來預定的成立時間，下一階段的挑戰也隨之展開。

許多資安新創公司在創業初期，大多以最熟悉的台灣為主要市場，毛敬豪前執行長帶領台灣資安鑄造團隊一開始就將海外拓展設為重要目標，包括：美國、日本東京、中東歐等都是考慮範圍。

此外，台灣資安鑄造亦制定五年業務發展計畫，首要之務就是完成跨IT、OT、5G的供應鏈資安雲端威脅獵捕平台（Threat Hunter Monitoring Platform），將科專計畫落地，逐步切入醫療聯防體系，與資安合作夥伴共同維護多家醫院的監控服務；後續並擬

與網通大廠進行軟硬整合協作，以資安網路監控設備切入市場。

從一個廠區、一個國家，朝一個區域的資安聯防生態逐步邁進，這是從資安所拆分的新創團隊正在前進的聯防之路。

二、資安長好幫手生態
　　──協助資安長，當好資安長

數位時代，資安威脅日益險峻，產業遭受駭客攻擊的案例屢見不鮮。金管會為強化公司資訊安全管理機制，要求上市櫃公司設立資安長（CISO）或資安專責單位，預計2023年底前將達1,300餘家企業有此需求。

一家企業的資安長或資安主管，該做些什麼呢？**資安長需要由組織高階主管擔任，負責建立和維護企業的資安願景、使命、目標和戰略，上至向董事會報告效益，下至對資安威脅趨勢、網路安全部署策略和風險管理都必須一手掌握。**

與資訊長（CIO）不一樣的是，資安長更像是業務角色，對如何建立一個安全體系既要懂得採買，也必須在發生資安事件時，第一時間可以找到解決問題的人。

基於「協助資安長，當好資安長」的使命，資安所發展「資安長好幫手」服務，希望提供資安長在缺人、缺工具、缺建議時，都能快速找到滿足缺口的服務。

　　資安長好幫手就像是各個主題生態的加盟總部，由CSTI as a Service團隊整合企業資安營管相關服務，支援資安長策略規畫所需的諮詢、案例、領域合規趨勢、各領域中的資安標準與規範、資安監控、檢測工具的應用參考，解決共通的各項資安需求（詳見圖8）。

　　以企業發生資安事件為例，資安長好幫手除了能提供事件

圖8 資安長好幫手服務

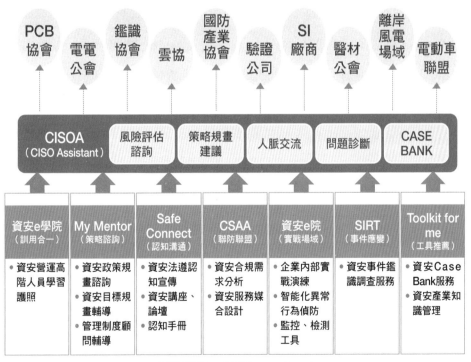

服務提供：CSTI as a Service

資料來源：資策會

調查、鑑識處理服務外,更想做的是協助企業做到事先預防。因此,彙整相關資安事件處理案例,從法規面、通報面、維運面建立分享教材,來提供資安長實戰課程,從他山之石的經驗中,學習提前做出防範決策。

三、資安檢驗測生態
── 在地檢測,全球通行

數位化趨勢的虛擬宇宙,「資安合規」是安全的起點;資安不僅是日常個資隱私的保護力,更攸關產品的長期競爭力。

隨著資安議題發酵,世界經濟論壇(WEF)公布的《2022全球風險報告》顯示,「資安防護失效」名列十大影響風險中的第七名,更是科技類中最大的風險來源。

顯示為每一個資通訊產品種下安全種子已經刻不容緩,包括:國內資通安全管理法、國際資通標準或規範如ISO 27001、NIST網路安全框架、IEC 62443,甚至是最新的CMMC(網路安全成熟度模型認證,Cybersecurity Maturity Model Certification),都是旨在降低網駭風險。

但是,資通訊產品想要賣出國門,就必須遵循各產業、各國訂下的安全要求,意即想要取得銷售入門票,必須先通過相關認驗證,取得合規資格。

技術國造，第三方檢驗測守護產品安全

資安所從第三方角色切入成立資安檢驗測中心，建立新興產品資安自願性產品驗證制度（Voluntary Product Certification，VPC）的檢驗測技術方法與典範案例，並協助產業制定更多符合新興產品特性的資安檢驗測標準，做為後續複製到其它生態領域的資安方案；不過，資安產品認驗證生態又該怎麼做呢？

資安所產業資安發展中心副主任高傳凱指出「以技術國造為基礎」，資安合規不只是單純服務流程的驗證，還包括：產品檢測，從軟、硬體產品，到整個供應鏈安全都是政府和企業不可忽視的重要環節。以第三方角色研發檢測工具推動資安認驗證，主要是希望能提供更簡單、普及的管道，讓產品出廠前能先做預檢測，除了降低成本之外，也加速後續產品送檢的速度。

推動資安認驗證的好處是，協助產業在發展產品或服務時，能有一個可供依循、完整的安全框架。產品面上，從元件、零組件、韌體、模組、軟體，最後到系統開發、系統整合等，透過檢驗測串出資安供應鏈流程；組織面則因落實供應鏈的管理機制，確保產品和服務的安全性。

高傳凱指出，資安產品檢驗測生態的組成對象包括：產業、公協會、認驗證組織與資安產業，已經普遍運作的檢驗測標準如 ISO 27001，主要由市場機制推動，資安所將聚焦在 CMMC、ISO 21434、3GPP 等新興資安標準的導入與推動，預計會歷經三個階

段（詳見圖9）：

第一階段：由資策會先導投入資安檢驗測技術工具，成為首個第三方VPC認驗證機構。

第二階段：資策會做為第三方檢驗測推手，持續研發自主檢驗測工具，並協助民間打造第二間VPC認驗證機構。

第三階段：資策會VPC認驗證退場，定位技術顧問及檢驗測軍火庫，支持整個資安體制發展。

圖 9 技術國造第三方資安檢驗測中心規畫

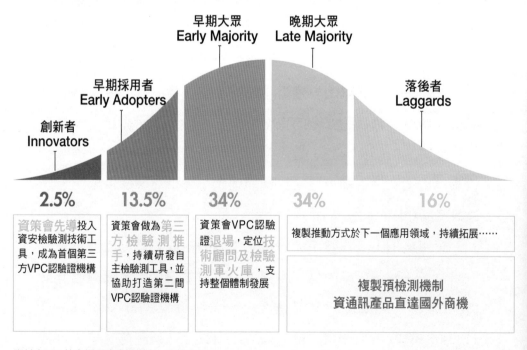

資料來源：技術採用生命週期表、資策會整理

隨著資安檢驗測生態的建立、機制複製，目標希望在生態中通過預檢測的資通訊產品，都能直接對接國外安全法規需求，在時間上取得搶占市場優勢。

驅動資安指引，對接國際規範

在產品檢驗測布局上，資安所從物聯網裝置切入，與國內財團法人全國認證基金會（TAF）合作推出物聯網、攝影機、路燈等相關資安標準與指引，提供廠商在提升產品資安時有所依循。

此外，切入工控設備、5G設備元件、晶片IC與軍用設備等新興領域，以第三方角色前期投入研究產業所需的國際資安標準，並開發適用的檢驗測工具，再進一步與國際認可的檢驗測實驗室合作，或取得認證，將經驗累積成可複製的機制，透過人才養成與顧問輔導的方式，為業界注入更多資安生力軍，也能縮短業者進入新興資安領域的摸索時間。

晶片生態，發揮「在地檢測、全球通行」效益

以晶片資安為例，近年經常看到與晶片安全相關的風險危機，像是2019年，國際知名晶片大廠的數位訊號處理器被發現含有重大安全漏洞，恐有遭惡意駭客竊取裝置資訊、執行服務阻斷攻擊，或植入惡意程式之虞。

2020年，同樣來自國際晶片大廠的Wi-Fi晶片被發現含有漏洞

——「Kr00k」，駭客將能藉由漏洞截取和分析設備發送的無線網路封包，使用者隱私外洩風險大增。

2022年國內晶片廠商也傳出一款晶片用的SDK軟體開發套件出現安全漏洞；一旦駭客找到路徑，將能遠距劫持網路設備，目前可知影響至少20個品牌。

面對接二連三的晶片與供應鏈攻擊，國際主要貿易地區陸續發布資通訊系統採購的供應鏈安全要求，如美國「確保資通訊技術與服務供應鏈安全行政命令」、歐盟ENSIA「資安認證計畫」、美國「網路安全成熟度模型認證框架」等，部分安全要求具約束力，尤其對主客戶為全球型晶片品牌、ODM／OEM廠商的國內IC設計業者來說，影響顯著。

為此，資安所擬從半導體源頭，也就是IC設計端開始，先提供國際資安作法的依循，再建立預檢測機制，協助產業「在地檢測、全球通行」。

名詞解釋｜Kr00k

2018年於通訊晶片中發現的安全漏洞，主要因設計瑕疵而產生。使用含有該漏洞晶片的物聯網設備，一旦被攔截網路流量，極容易解開已加密的封包，增加資料外洩風險。

1. 引領前瞻

引進美國電子設計自動化（Electronic Design Automation，EDA）、晶片 IP 供應大廠新思科技（Synopsys）所建立的軟體安全建構成熟度模型（Building Security In Maturity Model，BSIMM）協助國內IC業者規畫、執行、評估並完善軟體安全計畫。迄今，BSIMM已被全球超過200家國際型大公司進行逾500次評估，產業別橫跨金融業、半導體業和物聯網業等，可用於反映實施企業因應資安趨勢與調整的軟體安全策略表現。

2. 制定標準

連結台灣區電機電子工業同業公會（TEEMA）、SGS資安實驗室（SGS Brightsight）、華邦電子等業者，制定全台第一份晶片安全規範做為產業標準。

3.連結國際

產學研合作建立聯合檢測實驗室，目標是對接聯邦資訊處理標準（Federal Information Processing Standards）、安全評估共通準則（Common Criteria）等國際標準，並通過SESIP認證，提供國內廠商預檢測服務，推動「在地檢測、全球通行」的機制。

4. 培育人才

　　與國立中興大學合作晶片檢測技術研究，提供實驗室百萬設備，以實作中累積檢測經驗，逐步促成晶片安全檢測人才的養成。此外，也與國立成功大學共同透過FPGA開發板研究掃描鏈及加密電路，進行晶片安全議題研析。

從1到100複製資安檢驗測生態

　　產品不同，國際資安標準與要求亦不相同，產品預檢測就像是打通設備資安的任督二脈，要快速複製檢驗測經驗，得靠生態圈群策群力。

　　資安所檢驗測團隊除了自轉之外，也大量與產業、檢驗測機構、國際認證公司合作，推動生態圈公轉（詳見圖10）。「當產業需求浮現，並有足夠商機可支撐檢驗測運作時，資安所將逐步退場。」高傳凱指出，**資安所主要任務是建立初始生態圈，當從1到100逐步萌發後就會退出，轉型為技術顧問與軍火庫角色，支持整個新興生態持續發展。**

名詞解釋｜FPGA

FPGA是一種採用現場可程式化的邏輯閘陣列技術，可以反覆編輯電路模式的晶片。晶片出貨後，也能透過改寫程式代碼以重新編輯電路結構。因具備高度應用彈性，被廣泛用於物聯網、AI、5G、自駕車等技術快速發展、需要不斷汰換更新的規範標準及演算法領域。

圖10 晶片資安生態圈

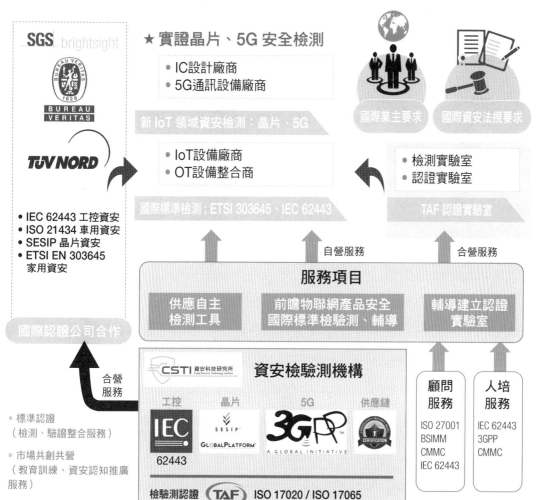

資料來源：資策會

二次數位轉型

以終為始的人才培訓

2021 年中，資安鑄造廠進入Spin Off籌備尾聲，正當大家以為快要完成階段性任務時，卻再度迎來新一波轉型浪潮。不是才剛做出改變，為什麼還需要「再轉型」？

楊仁達副執行長認為，組織進行數位轉型不一定都要一次到位，敏銳警覺外在環境變化、洞悉企業需求，以做出相應調整，才能真正「以終為始、敏捷轉型」，強化組織的韌性實力。

鑄造廠團隊雖然已經確認獨立成衍生公司，但資安所待處理問題仍一波波湧來。內部難題有同仁們隨鑄造廠團隊Spin Off離職、新人招募困難、科專計畫如何接手等議題浮現；外在環境也有當時數位發展部（簡稱數位部）即將成立，以及外界對資安所期待只增不減等挑戰。

此外，資安所在推動智慧聯防產業生態過程中也發現，雖然資安充滿商機，但企業資安意識與資安投入仍嫌不足。**目前產業規模有四大缺口待補足，包括：缺乏資安認知、缺乏資安檢測工具、缺乏資安管理人才，以及缺乏新興領域資安標準指引。**

若資安所建議政府應以建立資安智慧聯防生態的思維，整合產業資源，並提高資通訊產品安全度來接軌全球市場商機，自己又該怎麼做？

鼓勵適性展能
培養內部商業思維

為解決前述內外部問題，楊仁達副執行長提出「資安智慧聯防產業生態發展願景」，羅列發展資安生態所需的關鍵環節與服務，同時加入知識管理的傳承與數據化管理的機制，讓每一次經驗智慧得以累積、複製（詳見圖11）。

圖 11 **資安智慧聯防生態發展願景**

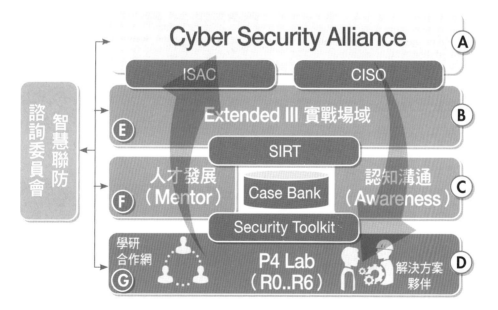

註：SIRT（Security Incident Response Team）、ISAC（Information Sharing and Analysis Center）、CISO（Chief Information Security Officer）
資料來源：資策會

此外，他定位第二次轉型目標為「**資安防護技術自主，產品服務走向國際**」，並提出四大理念：**組織轉型人才第一、知識共享故事協作、顧客開發敏捷實證、以終為始生態思維。**

楊仁達副執行長認為，不論要做什麼樣的轉型，人才都是最基本且重要的推動力；人對了，事情就對了。當有人去推動後，積累的無形經驗也都是組織寶貴的資產，透過共享機制能讓後進者減少摸索學習的時間，以提高企業運轉效力。

此外，任何轉型、客戶開發都不是一蹴可幾，從規畫到落地也無法一步到位，應該運用科技業敏捷式作法，從一個最小可行性的方案去執行、驗證，再快速修正，這樣才能增加成功機會。而任何生態的成形，雖說條條大路通羅馬，但若能先想像終點的樣貌，再回過頭思考起點應該怎麼走，以終為始，減少走錯路或繞遠路的風險。

招募Change Leader，養成HEROES人才

「人」，是組織改變的起點。資安所揮動找尋「Change Leader」大旗，從「人才第一」的實踐，宣告第二階段組織轉型的開始。對於人才的安排，楊仁達副執行長認為，**轉型若單純由主管來推動，成功率其實不高；同儕間的影響，才能真正內化每個人的轉型思維。**

Change Leader是其中的重要關鍵：一來可以帶動改變；二來

也是資安所薈萃多元資安角色，養成HEROES人才的基礎（詳見圖12）。

什麼是HEROES人才？楊仁達副執行長形容，整個資安聯防生態中有人擅長解決問題、有人善於推動認知、有人專業於鏈結資源，各司其職能讓生態靈活運作。資安所是個小型生態圈，應該透過工作，讓每個人成就自己想要的擔任角色，而HEROES便是綜整資安各種人才樣貌：

Hacker（資安專才）：喜歡不斷追求技術提升的資安高手。

Evangelist（傳道者）：資安的認知與意識需要不斷對外輸出，與不同領域建立共識，即善於推動資安認知的意見領導者。

圖 12 培育資安多元人才HEROES

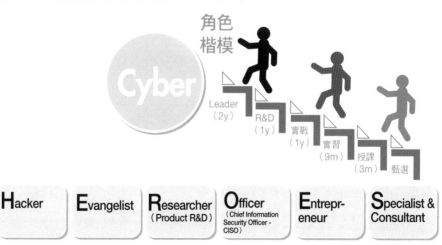

資料來源：資策會

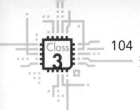

　　Researcher（研發專才）：喜歡挑戰技術門檻、研發或整合資安工具者。

　　Officer（資安治理、管理、規畫專家）：善於提供資安部署策略，熟稔各種國際資安標準的人。

　　Entrepreneur（創業家）：對資安市場需求與缺口具高敏感度，且樂於進行商業布局的人。

　　Specialist（資安專科、領域專家）：專注單一領域資安能力的大師。

徵選人才，挖掘角色楷模

　　首先由各中心提名有想法、有熱情，也願意擁抱改變的同仁。透過與所長面談，分享對組織、對產業與對個人生涯規畫的想法，除了讓面試者能更理解所內的目標與作法，也能讓高階主管為人才重新定位，找出現有或有計畫地培育資安所內的HEROES角色楷模。

成立CSTI as a Service團隊，打造服務隊形

　　「強化商業思維」，是資安所第二階段轉型重點。資安所將徵選後的Change Leader重新虛擬編組，以多元角色、服務聯防的概念成立CSTI as a Service團隊，揮別過去科專框架，邁出可與產業界對接的服務隊形步伐。

CSTI as a Service借鏡台大醫學院與台大醫院的概念，從人才培育、場域實習與應用、資深醫師傳承等作法來建構資安專業架構（詳見圖13），依序有：

（1）資安e學院

負責人才培育，依據產業領域特性，提供可分科分級與護照認證功能的「訓用合一」育才機制，培養不同專長類型的資安人才。

（2）資安e院

提供前瞻領域資安檢測工具、網路異常流量的智慧偵防、分

圖 13 **CSTI as a Service服務隊形**

資料來源：資策會

析，或威脅情資、攻防腳本的研發應用，並協助人培服務於資安場域累積實戰、演練經驗。

（3）My Mentor

提供資安策略與管理制度的諮詢、顧問與合規輔導，深化產業資安能量。

（4）Safe Connect

推動資安相關認知與倡議宣導，並為未來可能發生的資安問題提出示警。

（5）SIRT Hotline

資安事件急診中心，負責調查、鑑識與災後復原處理。

（6）Toolkit for Me

打造資安知識庫，提供資安服務案例經驗，可根據客戶需求挑選資安解方，快速協助客戶解決問題。

（7）CSAA（Cyber Security Awareness Alliance）

資安聯防生態孵化器，進行新興資安主題研究，並依產業共通資安缺口的需求，推動可運作的主題生態。

　　楊仁達副執行長期待，CSTI as a Service團隊能發揮結合跨界的能量，打造創新商業模式，養成資安人才，並以解決產業問題做為目標。

孵化資安智慧聯防生態，擴大影響力

　　CSTI as a Service組織架構奠基在「人」（People）、「流程」（Process）與「科技」（Technology），由商業模式創新所驅動，並以敏捷方式動態調整作法。因此，資安所每兩週展開策略會議進行前瞻報告、商業模式實證的規畫，積極摸索找尋出最小、最簡單的可行方式。

　　至於推動的方法上，則是透過公開發表蒐集問題，並且進行架構討論時，一併整合資源。決策過程中若有疑難雜症，也會共同商討凝聚共識。

因應第三方轉型

資安所推123發展策略

2022 年初，資安所再度站上轉型前線，這次是與資策會全會一起共舞，朝One III —— Transformation 2025（簡稱TR25）計畫目標前進（詳見圖14）。

當時因應主管機關轉換在即，資策會在兼顧經濟部與數部位推動產業發展的政策需求，且延續原有「數位轉型化育者」的基調下，重新盤整當前任務角色，以三年為期，啟動TR25計畫，力求全會發展綜效與彰顯法人價值。

其中，資安所目標為落實信任治理，被賦予以第三方角色貫穿資安生態與產品的責任，開啟第三方轉型蛻變的契機。

圖 14 **資策會TR25計畫**

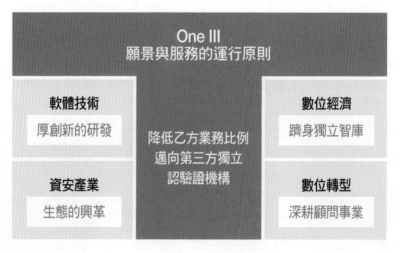

資料來源：資策會

落實信任治理

經過前兩次轉型調整，資安所快速因應TR25計畫做出改變，以組織中的四大實體中心與CSTI as a Service團隊為發展根基，提出「123資安所發展策略」：一個主軸、兩個目標與三項重點（詳見圖15）。一個主軸指的是發展資安智慧聯防的大框架沒有改變；兩個目標一個是聯防生態，另一是產品資安。

圖15 資安所123發展策略

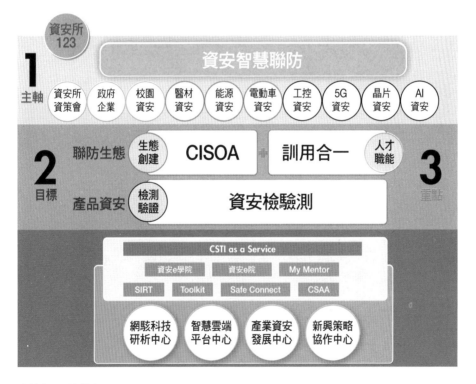

資料來源：資策會

　　何玲玲所長指出，發展資安智慧聯防，是希望從資安技術到IT（資訊領域）、OT（工控領域）、CT（通訊領域）的產業供應鏈都能取得安全防護，落實信任治理。因此，對於聯防生態的推動，資安所將以第三方協力角色引導產業生態完備與產業國際化，前者將串聯政府與產業資源，善用資通訊產品資安強化與資安防禦新技術開發市場；後者則希望透過產業資安的布建，接軌全球市場商機，以達成資安防護技術自主、產品服務走向國際的目標。

　　在產品資安的推動作法上，將持續涵養與創新資安技術，在結合場域實證與第三方認驗證機制後，持續強化新興資通訊產品軟硬體抵禦資安攻擊風險的防禦力，尤其是新興產業的資安應用，如：智慧製造、智慧交通與5G場域等，將當仁不讓地進行相關監控、防禦工具的研發。在合規驗證方面，也會朝鏈結國際資安規範的方向前行。

　　隨著轉型後的核心目標確認，資安所三個重點分別是：由資安長好幫手（CISO Assistant，CISOA），推動生態創建；由訓用合一護照機制，累積人才實戰力；由資安檢驗測服務的落實，打造安全產品與安全環境。

　　邁向第三方角色之際，資安所也依循ISO 27001執行資安服務創建，做到流程一致化、服務標準化與管理有序化。

　　未來已來，數位浪潮將掀起「新信任標準」（New Trust

Standard），從產品、服務、人員、流程、道德與價值觀、內外系統、供應鏈共同串起資安聯防體系，歷經三波數位轉型，由技術研發優先，融入商業與服務思維後，逐漸發展為推動資安智慧聯防產業生態的資安所將不缺席。

名詞解釋 | ISO 27001

ISO 27001資訊安全管理系統（Information Security Management System，ISMS）由國際化標準組織（ISO）和國際電工委員會（IEC）所頒布，組織透過引導導入一系列標準守則，以保護組織資訊財產。

培訓基地

充裕產業雲端人才庫

Class 4

資策會力扮企業轉型後盾

深耕資通訊人才有成

在轉型時代，為達到共創數位生態目標，終將回到「人」本身出發 —— 以「人」為轉型的核心，並以「人」為使用者做為出發點，進而洞察個人學習需求及產業趨勢。換句話說，**由「人」來結合各種數位科技，相互合作、共同成就跨產業、跨地區與跨領域的各種創新產品及服務。**

有鑑於此，「人」在生態中不僅是一個小小的組成分子，更是一個能讓企業從一個優勢，轉換到另一個優勢的重要因素，也是驅動國家生產力及競爭力提升的重要指標。基於此，「人才培育」可說是成為現今社會中「共創數位生態」的重要課題。

資策會成立於1979年，1980年設立專責人才培訓業務的部門 ——「教育訓練中心」。七〇、八〇年代後，資策會陸續在中壢、台中與高雄成立訓練中心；1985年更名為「教育訓練處」；2005年再度更名為「數位教育研究所」，目的在強化學習科技的研發角色與功能。當時在教育部與職訓局的支持下，於各大學校區及各地設立電腦教室，積極且大量地培訓系統開發、應用程式撰寫人才與資通訊師資，幫助超過50萬來自各產業的學員們展開新職涯發展。

此外，資策會亦曾執行過中小學的電腦輔助教學、

軍事機構的電腦輔助訓練，且培育大專非資訊科系畢業青年、各級學校師資及政府公務人力的資通訊能力，改善產官學研各機構專業人力欠缺情形。資策會的培訓課程扣合前瞻趨勢並與時俱進，因此從資策會結訓的學員，其工作專業能力及態度在各行各業間都表現傑出，成為各行各業爭相聘僱的對象。

從學員優良的就業率及媒合率來看，顯見資策會培訓形象已深獲社會高度認同，長久以來已在業界建立起優異培訓的口碑。

階段性任務完成　轉型為第三方人才培育

然而，近年資通訊人才培訓產業已趨成熟，資策會在資通訊人才培訓市場的階段性任務已達成，加上各項科技更迭創新，驅動全球企業朝向智慧化發展，在多方利害關係人期待之下，資策會以「全面協助企業推動數位轉型」為己任。因此，必須逐步淡出民間成熟已具執行能量的人才培訓業務，跳脫舊有思維，轉型朝向第三方服務的人才發展方向邁進，據此帶動人才發展新模式，建立有價值的專業服務。

自2019年底以來，陸續積極促成衍生新事業公司，期盼能結合法人及業者雙方的資源與能量，合作加速培訓產品發展與市場推動。

2021年9月1日將原隸屬資策會數位教育研究所人才培訓團隊獨立成立「資展國際股份有限公司」，目的為接續經營資策會不

特定對象公開招生的實體人才培訓業務。透過這間由資策會團隊延伸成立的新公司，期望開創更優質的科技暨管理培訓服務，傳播多元的專業知識與應用技能，提供學員優質的就業、創業與增能培訓平台。

　　傳統的實體人才培訓角色已逐漸淡出，為了迎接轉型浪潮，因此資策會重點方向著重於「數位轉型化育者」，資策會數位教育研究所希望能發掘新價值定位，聚焦發展產業數位人才，並且朝向人才訓用職能流通標準等第三方業務進行發展。

奠定數位轉型基礎

人力資源五大操作關鍵

2022年4月，國家發展委員會發布「111～113年重點產業人才供需調查及推估」(註1)報告中提到，「人工智慧應用服務」產業在COVID-19疫情影響下，由於醫療生技產業需要大量導入AI技術，相對帶動AI人才需求；2021年起，5G技術發展開始出現商轉，預估未來5G產品及應用服務、物聯網將會持續增加，連帶相關技術與智慧應用等，將同步帶動資通訊產業專業人才需求增加。為避免產業聘不到所需的5G即戰力人才，「孕育5G人才發展」成為刻不容緩的課題。

數位科技與環境快速變遷的年代，驅使新議題的資安挑戰層出不窮，資安人才在各行各業的缺口快速擴大，各產業之間也出現應屆畢業生資安人才供給數量不足、在職人員資安技能和素質不符公司期待等情形；然而，目前企業尚缺乏有效的資安人才招募管道。為解決這些議題，亟須突破且創新地培養各產業需要的資安人

註1：參考國家發展委員會產業人力供需資訊網「111～113年重點產業人才供需調查及推估」

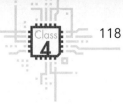

才。

其中，「跨域人才」是各產業競相爭求招募的重點，前述國家發展委員會報告指出：「『智慧機械』業者反映產業所需關鍵職能多屬跨領域，培養難度較高，且新進人員缺乏實務經驗，存在學用落差，加上疫情影響及畢業生減少等因素，使人才供給數量不足，所需人才短期難尋，導致產業人才招募狀況相對困難。另一方面，『精準健康』產業因特別注重人才跨域能力，如資通訊、數據分析跨及生醫領域的通才，然此類跨域人才亦受到其他薪資水準較高的科技大廠磁吸作用影響，產業相互競爭之下導致人才招募狀況相對嚴峻。」由此顯見跨領域人才的重要性。於此，資策會期盼能與產業共同投入，促進台灣與全球數位人才循環，開啟延攬國際專才新契機。

綜上所述，各項新興科技如AI、通訊（5G）、資安、跨域、跨國人才的需求與急迫性已經浮現，以下就這五種類型人才發展，分別從個別問題的挑戰與痛點、人才發展策略、推動方法、實證案例，以及資策會因應之道角度依序說明。

一、AI人才發展：
從競賽中練出真功夫

挑戰與痛點 不易累積實戰經驗

因應全球AI導入產業與應用的發展趨勢，近年我國產業在AI技術研發與場域應用亦迅速發展。在產業人才媒合市場內，無論是用人單位、求職者與培訓單位，對於AI人才需求逐年增加，從過去AI技術需求導向，轉變為產業領域AI應用為主軸。

整體來說，企業希望能縮短培訓時間，且希望人才進入工作場域後能快速掌握現況，以AI技術或整合工具導入場域解決問題。這樣的改變，短期能為產業節省營運成本，長期則可帶動產業數位轉型。然而，雖然我國產業AI應用正朝向多元蓬勃發展，AI人才卻難以靠過去大量培訓經驗進行複製，需要依實際場域應用讓AI人才累積實戰經驗。此外，AI人才培育亦需要針對不同類型的人才分開看待，尤其是對主流AI人才與高階AI人才，更應採差異化的培育策略。

現今AI人才可分為基礎人才、中階人才和高階人才三個層級（詳見圖1）。基礎人才具有基本AI知識，能套用模型、運用既有AI套件和進行簡單維護，培育上最為容易——透過線上課程並針對特定工具培訓就能訓練。中階人才是負責AI應用開發的中堅力量，具有一定程度以上的程式開發能力及實際專案經驗，需要

圖 1 AI人才金字塔

高階
具有演算法
開發能力，AI
產品化的關鍵人才

升級高階關鍵：
數學能力、學術論文

中階
負責AI應用開發的中堅
力量，具有一定程度以上的程
式開發能力，以及實際的專案經驗

升級中階關鍵：
**參與開發AI應用的
專案實戰經驗**

基礎
有基本的AI知識，能套用模型、運用
既有AI套件和進行簡單維護的基礎人才

資料來源：資策會

會寫程式、除錯、優化和包裝，是具備一定產業領域知識的AI專
家──培育上需要靠專案實作，以實際案例分析和問題導向形式為
主，課程訓練上可依照應用領域不同選修不同課程，例如：電腦
視覺、自然語言處理和數據推理推論等。

　　若是AI產品化關鍵，則需要高階人才──負責開發演算法與提
出解決方案。不過，高階人才目前較難以靠一般課程養成，需要
透過AI學術研究、培育AI社群和競賽活動予以培養。

　　目前產業界推動AI應用亟需具有實戰經驗的AI人才，因此，
如何讓國內AI人才能有更多機會獲取相關經驗，進而成長並為業
界帶來即戰力，成為當前AI人才培育的重點課題。

人才發展策略 以戰代訓育才

在AI人才發展設計思維上，可透過「產業出題×人才解題競賽」機制，針對產業及服務創新需求，將AI及應用做為育成要點，以建立產業智慧化技術整合，同時於實作中培養AI創新應用人才以戰代訓——廣邀國內AI解題好手參加，包含：具有AI技術的新創公司、國內外各大專院校、培訓機構學員及各產業領域AI技術人才等共組解題團隊，廣納AI人才資料庫，以「做中學」翻轉傳統產業人才培育模式，鼓勵AI人才進入實戰場域，實際將企業痛點和AI人才緊密接軌。

上述提及的競賽機制共有為六階段，分別為：組隊報名、媒合會、解題構想、實證合作（Proof of Concept，POC）、實證審查、成果展暨頒獎典禮，以下逐一說明。

第一階段**組隊報名**，籌組領域專家委員會，評估審查AI需求內涵並給予輔導意見，協助收斂產業痛點調整成AI可解的題目，並將題目上架徵集解題人才組隊報名參賽。接著透過第二階段**媒合會**，讓輔導單位及出題單位出席說明題目內容，創造與解題團隊一對一商談機會，讓雙方能更清楚掌握未來實證階段的合作方向。

當解題團隊依據題目需求提交構想文件後，輔導單位協助出題單位檢視構想內容，將合作意願排序時，就稱為第三階段**解題構想階段**。出題單位與解題團隊最終會完成雙方合作文件簽署，

格式可為「合作備忘錄」（MOU）或「保密協定」（NDA），正式進入第四階段**實證合作**。

實證結束前，輔導單位協助出題單位填寫意見回饋表，針對解題團隊給出評比與意見反饋，做為實證審查會參考資料，此稱為第五階段**實證審查**。審查委員將綜合技術領域逐案評選優異解決方案，並將績優解題團隊的實證成果舉辦**成果展**，同時舉辦**頒獎典禮**（第六階段）提供額外獎勵，透過平台提供參與競賽的團隊人才延伸的商業合作案件、政府補助計畫申請，或企業人才招募等多重機會。

推動方法 出題指導，解題智造

「產業出題×人才解題競賽」旨在符合未來產業發展目標的框架下，促進產業與公部門提出自身在營運面與治理面所遭遇的痛點問題，提出產業AI化需求與規畫；再經由平台匯集我國重點產業的共同問題，結合中央部會與地方政府能量，輔導AI精準命題、制定明確且合理的AI研發目標，促進產業投入AI技術研發與發展應用，產生標竿先進解決方案，藉此加速推動企業與公部門數位轉型與創新。

產業主題式AI出題精修班方式，是邀請產業關鍵決策者及高階主管參與，聚焦國內重點領域的產業AI實務解決方案經驗，安排產官學研領域專家與AI專業講師授課指導解決迷思。精修班課

程技術由淺至深循序漸進說明，釐清產業AI應用導入情境，確保參與出題單位的數據資料準備充足，輔導各產業領域匯聚共同痛點轉換為AI可解議題，並針對產業共同議題分享AI導入成功實例。

由專家帶領操作，促進AI出題演練與確認題目可行，更邀請歷屆解題團隊人才及出題單位先進現身說法，分享過去參與競賽經驗及常見誤區盲點，拆解複雜痛點且切分階段目標分級解題，並於精修班後透過問卷調查，持續不斷地提供顧問諮詢與後續輔導，消弭技術與產業知識隔閡，促進人才與產業鏈結，加速產業晉級數位轉型，創造創新產業解決方案。

實證案例

資策會透過「產業出題×人才解題競賽」淬煉AI人才，相關實證發展案例以公部門、智慧製造和智慧交通三種案例進行說明。

（1）AI也能成為打火英雄

「愛吠的狗」協助屏東縣消防局高效智慧救災：消防救災人員的災害救難形式多樣化，包含山難、火災等，尤其是發生在建築物內冒煙起火事故。屏東縣政府消防局指出因現場環境混亂、無線電收訊干擾與攝影機畫面不清楚等情況，增加消防員救護難度。正常火場搶救至少需要11～14人，消防員人才養成不易，以致於現行人力只有5～6人。

　　解題團隊愛吠的狗娛樂股份有限公司期望藉由AI影像結合影像動作資料庫及定位判讀，以兩階段資料蒐集和訓練 —— 先採集火場救難人員執行動作，輔以AI技術採用骨架與動作行為狀態偵測；其次為災難現場空間擴增實境（AR）技術模擬，並實際至訓練場蒐集環境資料，模擬以AIoT感測器即時回傳消防員數據，即時判讀救災動作，為救難人員增加救援方向與速度。

　　經過實證合作，解題團隊以AI模組開啟新合作方向，為公部門在解決公眾議題時，能產生標案試行解方，以此解決民眾災難發生時的憾事。

（2）AI打造零職災製造業智慧工廠

　　「華碩AICS」AI幫你把關：台灣普利司通股份有限公司在邁向智慧工廠的規畫中，首要重視的就是確保員工安全。廠區內輪胎成型機台周遭在導入AI技術前，僅為一般安檢主管分時段巡邏操作流程及警示燈顯示安全提醒，傳統輪胎製造業在輪胎成型過程中，因人員得進出機台作業，一不小心就可能危及生命安全。

　　解題團隊華碩AI研發中心「AICS」利用AI自動檢測系統輔助把關，藉由AI攝影機蒐集工廠作業員行為動作及操作判斷，由AI自動檢測系統輔助輪胎成型作業的安全監控，為企業導入AI攝影機，透過影像傳輸內部雲端資源，採AI動作偵測訓練，針對輪胎成型操作角度，為工人安全機制建立主動防護、被動防護和設備

防護三種模組。串聯AI雲端數據和聲音警示，可即時監控和提醒工人不當操作行為，在危險發生時控制停機並通知IT人員。

現在透過AI人類行為預測的安全預警系統能提前偵測危險，做到最及時保護。除了確保員工職業安全之外，企業對於零職災目標更具信心，也加速整體作業流程的改善週期；當出現高風險行為時，亦可即時警示員工並監督。此舉同時擴大華碩雲端與台灣普利司通雙方合作，加速台灣普利司通與國際供應鏈串聯，規畫導入海外廠區。

（3）AI也懂車流分析

「MAXAIOT團隊」智慧交通分析超省事：玖泰交通科技有限公司在判讀十字路口車流影像，過往還是運用人工後台計算及花費人力成本疏散車流；但若遇到大型商場開幕或道路施工、節慶等情況，將影響各路口大小型車流的壅塞程度、用路人時間或甚至是警察交通控管的人力調度，影響移動範圍相當廣泛。

解題團隊MAXAIOT以AI辨識進行智慧交通分析，期望藉由交通路口轉向自動影像判定，採用AI物件偵測、物件追蹤和技術分類，使用AI演算法識別路口直行與轉彎車輛並計數，不僅減少人工計算值的誤差，亦降低6～8小時計算分析的人力，採用離線運算時，可降低環境建置成本，創造車聯網創新商機。

資策會因應之道 建置AI種子教練機制及菁英人才庫

為改善企業缺乏能解決企業場內機密AI問題、協助AI專案導入及發展AI應用的專業人才，資策會2022年以智慧製造為主軸，規畫培育產業AI種子教練機制，邀請有培訓需求的製造業，帶著企業痛點問題，推派菁英組隊參訓，以智慧製造兩大AI核心應用：電腦視覺及數據分析與預測進行團隊分組，藉由培訓課程與分組AI專案應用實作模式，培養能診斷企業痛點及界定AI問題的企業種子教練。

培育產業AI種子教練機制，是邀請智慧製造領域專家，講授智慧製造AI實務應用、顧問技巧、AI專案導入及AI文化推動等課程，同時邀請具產業輔導及AI專案實務導入經驗豐富的電腦視覺與數據分析與預測專家學者組成導師團，以師徒制方式指導企業團隊進行企業問題收斂、解決方法可行性評估，以及完成AI專案應用實作任務。課程規畫AI導入標竿企業參訪及聯誼活動，藉此增加產業AI種子教練實務經驗及技能的養成。

為擴大產業AI能量推動與擴散，資策會數位教育研究所更規畫建立**種子教練菁英人才庫，囊括各領域菁英講師和顧問教練，協助產業推動AI能量**。資策會所培育的菁英人才可協助企業推動AI績效指標、為專案導入AI方法，以及推動組織內AI文化發展。

二、5G人才發展：
創建產學互利的練兵場

挑戰與痛點 資源稀缺且零散

自2019年5G商轉以來，5G技術革命與殺手級應用持續探索，相關產業發展的人才需求應運而生。

根據近期各項統計資料顯示，我國資通訊暨5G相關產業職缺數量年逾三萬餘個，而人才需求年增數千餘人不等，部分產業甚至逼近萬人之多，人力缺口日益擴大，人才供需失衡的議題不言而喻。另外，隨著全球5G產業進入加速階段，除了傳統資通訊人才之外，在5G跨域整合或創新應用方面也將衍生出多樣化人才需求，致使5G人才缺口困境加劇。

由於5G技術與題材新穎，所需人才條件門檻較傳統4G來得高，從業者須具備技術實作能力，並能掌握相關國際標準及應用發展，方能符合投入產業的專業需求。不過，國內於強化5G專業人才發展的資源稀缺且零散，亟待可鏈結國際多元學習與結合產業實務機會的整合性平台，藉此提供系統性5G產業人才升級及轉型管道。

綜上所述，我國於5G產業發展實存在「人才供需失衡」、「培訓資源稀缺」與「跨域人才告急」等專業人才缺口巨大挑戰，亟須有相對應的推動策略與方案來解決此問題。

人才發展策略 三大主軸導入設計思考

　　5G人才培育的設計思維，以產業升級和轉型為核心，推動方式為研發實戰、職能導引及場域驗證。以下以三大主軸說明如何推動人才發展（詳見圖2）。

引新血

　　側重於培育人才研發和實戰能力，為企業引入新星人才，由業師手把手指導，讓人才實際投入產業研發，縮短學用落差，培養人才具有即戰能力。

助拔尖

　　透過匯聚國內外5G資源學習，依據產業專題技術學習需求，設計客製化學習系列工作坊或數位課程，協助產業人士5G研發知能升級。

推應用

　　以師資培育、跨域競賽相輔相成，打造創新環境，促進5G應用新創育成與創意構想孵育，並發掘優良解決方案與應用人才，協助新創概念驗證與實踐，為產業注入創意活水。

　　綜合上述三點，為了解決5G人才需求缺口困境，資策會透過

研發實戰引入新血、職能導引人才在職學習，以及場域驗證推應
用孵育來融入設計思考，進行5G人才培育。

圖2 5G人才發展設計思維

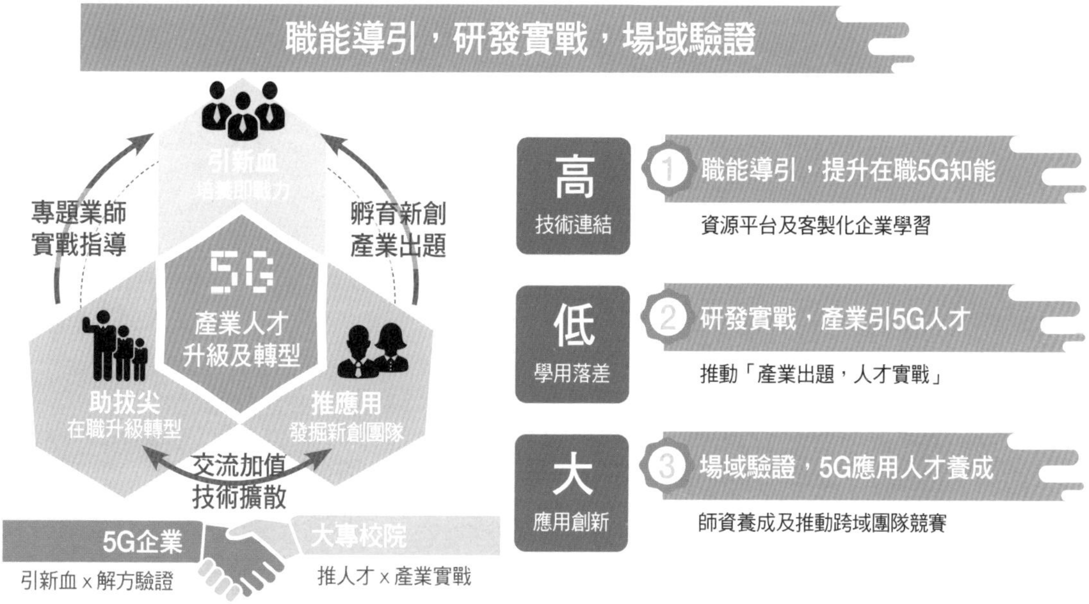

資料來源：資策會

推動方法　整合產學研5G資源能量

　　5G人才推動方法以「產業出題，人才實戰」、「匯聚資源，
職能加速」及「發掘新創，應用實證」構成，就是為了解決5G人
才需求缺口而生。

　　「產業出題，人才實戰」是鼓勵企業將自主研發的商用5G專題予以釋出，鏈結大專校院推薦學生及應屆畢業生進入企業參與研發，協助產業媒合、養成新星人才5G技術知識與研發解題實戰能力，藉此為5G產業引進新血與培養即戰人力，透過擴增5G人才庫來降低5G人才缺口。

　　「匯聚資源，職能加速」是以5G產業需求，發展5G相關職能及課程架構，建構人才發展資源與指引，串聯國內外5G領域數位課程

圖 3 **5G人才發展推動方法**

以5G實戰專題機制，整合產學研5G資源能量，挹助人才發展

推動策略	1 產業引5G研發人才	2 提升在職5G知能	3 5G應用人才養成
	推動「產業出題，人才實戰」	5G資源平台及客製化企業學習	5G師資養成及推動跨域競賽
	引導產業就商用5G產品出題，推動大專校院學生實際參與產業研發	產業與職能引導，匯聚國內外5G學習資源，客製培訓資源，加值在職人士5G知能	促進5G應用師資或團隊養成，培育5G應用人才，促進應用解決方案產生

產業效益　因應產業重點領域人才需求，補足5G技術／應用人才缺口　導入人才進用及內訓機制，降低5G產業招募及訓練成本

資料來源：資策會

資源，推動企業在職人士或大專校院學生進行自學，並客製培育資源，充實5G人才技術能量，協助在職人才升級轉型，助力拔尖。

「發掘新創，應用實證」是以創新應用師資培養與跨域競賽來推動5G應用，藉以擴散人才、輔導育成並發掘新創團隊，讓5G新創概念得以實踐與實證。

透過上述策略與方案，助力培育5G技術與應用人才，以此滿足5G產業發展需求。

實證案例

（1）雲達科技可精準找到5G研發人才

雲達科技股份有限公司是全球資料中心解決方案供應商，將雲端技術延伸至5G及邊際運算，透過5G專網及優化平台，掌握未來5G應用新商機。

隨著國內外5G產業鏈布局需要，公司亟需專業人才。透過此研發實戰模式，與大專校院實驗室進行對接，改變企業用人機制，節省尋才時間與降低人才招募成本，進而精準找到5G人才。近三年已培育30位產業新星，經過企業業師手把手帶領及實戰訓練，消弭學用落差，留用率高達33%，多位產業新星皆已進入廣達集團，貢獻所學。

參加雲達科技研發實戰的中央大學洪同學回憶：「當初加入

5G研發實戰時，從來沒有預料自己會獲得如此多，業師帶領讓他快速了解5G產業樣貌，也知道企業對即戰力人才的要求及標準。」所以在研發實戰這段時間，他不斷調整自己學習步伐，只期望能獲得企業青睞。

（2）台郡科技釋出最前瞻研發專題，推動產學人才合作

台郡科技股份有限公司已成功打入Apple iPhone 13高單價毫米波LCP軟板饋線供應商，對於培養台灣5G人才不遺餘力，每年提出的5G研發專題都具有前瞻性，如2021年專題題目「使用LCP軟性基板研製毫米波雙圓極化天線」，以及2022年研發專題「高解析度79GHz Metalink毫米波雷達模組」與「高靈敏度60GHz Metalink毫米波非接觸式控制模組」等，都是具有高技術含量及前瞻性的題目，且由天線設計進展至模組的開發，落地商用指日可期。

台郡科技是一家把產學人才合作模式發揮到最淋漓盡致的企業，每年都成功把加入研發實戰學生招聘到公司服務。台郡科技與國立成功大學綠能元件實驗室及國立臺南大學實驗室都有長期合作關係，一方面運用實驗室教授帶領研究團隊協助企業發展前瞻技術；另一方面，讓實驗室學生們透過產學人才合作，提早接軌職場及認識國際產業鏈，可謂成功的育才模式。

（3）川升培養天線新尖兵，助研發成果申請專利

川升股份有限公司為台灣致力於天線自動化量測系統及量測演算法開發的企業，公司名言為「讓天線成為台灣名產」。

公司內部成立「川升學苑」，台北實驗室及高雄研發中心提供產業新星天線領域的實戰場域，扣合「產業出題，人才實戰」精神，讓學生們在價值千萬的無反射實驗室內實際操作及量測，在那累積許多實戰經驗；業師們也不藏私地輔導學生成功將研發成果申請專利，培育不少台灣天線設計新尖兵，此些新血也相繼投入5G產業服務。

另外，川升也與台灣天線工程師學會和國立高雄科技大學合作，設計與規畫天線相關系列課程，讓5G產業在職員工趨之若鶩，每堂課程場場爆滿。除了線上課程之外，也舉辦多場實體課程與競賽發表，透過學習、交流、實作與申請專利等方式，深耕培育5G產業人才，推動產學之間的合作與技術交流。

資策會因應之道 精準分析人才缺口，建立產學人才合作

綜合以上說明，「產業出題，人才實戰」模式鼓勵企業將自主研發的商用5G專題釋出，精準瞄準5G產業人才缺口，結合培育機制透過產學人才合作，推動大專校院學生進入企業實戰，加值新興人才5G研發知能，符合訓用合一推動模式：

（1）精準分析人才缺口，提供訓練機構顧問支援或協助認證人才專業服務

　　藉由「產業出題，人才實戰」的產業人才需求研析及推動經驗，天線、小基站／無線接取與5G應用是企業開出最多職缺的領域，其中以小基站／無線接取、SDN／NFV解決方案等領域最常媒合不到人才。因此，此模式能精準分析人才缺口，提供訓練或認證機構在規畫未來專案的參考。

（2）建立產學合作平台，推動企業與學校實驗室合作的訓用合一專業服務

　　強化產學5G專題共研並促進人才媒合，推動企業從校園扎根，自我養成人才。企業將其5G實驗室場域開放給實驗室學生，做為以戰代訓實證場域，促進訓用合一發生，藉此消弭產學落差。

三、資安人才發展：以訓用合一為導向

挑戰與痛點 駭客總是不斷找到漏洞破解

　　在數位轉型衝擊下，資安意識的重要性已深入國家、社會與產業每個層面。隨著數位技術與環境快速變化，新議題的資安

挑戰不斷增加，人才除須具備資安知識外，更重要的是需要養成實戰力與持續精進機制，以因應變化多端的資安威脅，如：駭客可能利用偽造影片或音訊技術，創造特定內容來操縱輿論、股價或做為達到其他目的的武器；亦有可能偽造音訊發起語音網路釣魚，或是透過偽造音訊通過語音身分驗證。

5G網路發展帶來萬物互聯的高速便利，卻也可能提供更多攻擊機會，**企業需要更全面地保護裝置中的大量資料，防止資料遭洩露、盜竊和篡改，尤其須注意許多資料可能繞過公司網路及其安全控制。**

面對數位金融蓬勃發展，為強化公司資訊安全管理機制，金管會新版「公開發行公司建立內部控制制度處理準則」明訂上市櫃公司須設置資安長及資安專責單位，依公司規模與產業別差異，明確畫分三個級別，針對金融業亦有相關管制標準。這項新規定驅動一股資安人才搶人大戰趨勢，預估未來三年內資安專才需求將大幅增加。因此，應培養各產業需要的資安人才，補充產業整體資安人才缺口。

人才發展策略 強化能力鑑定應用效益

目前大專院校較並無專設資訊安全科系，因此在學校教學方面，主要多以讓學生對資安議題產生興趣。

資策會長期與各大專校院合作，藉由相關資源協助學生進入

資安領域，如在課程內容中融入資訊安全相關議題，建立學生基礎觀念，進而鼓勵與推動大三或大四即將進入職場的學生，參加經濟部iPAS「資訊安全工程師」產業人才能力鑑定考試，透過考試了解自身能力是否有須強化部分；或是舉辦交流論壇，邀請業界知名專家分享產業新知趨勢等，藉此培養學生資安素養。

現階段教育部也推動「**資訊安全人才培育計畫**」，提升大專院校資安教學能量，透過跨域教學培育跨資安人才、國際合作與交流，以培養學生國際化視野與國際化資安人才，同時產學鏈結，培養具實務能力且能與產業接軌的資安人才。

在企業應對資安人才缺口方面，主要採內部調派人員，或從既有的IT人才進行在職訓練，藉此降低時間與成本；或是尋求產學合作機會，與資安相關系所進行計畫合作，實習生畢業後可直接留用，與企業快速接軌。

推動方法　藉由競賽與演練累積經驗

然而，企業除了期望要補充更多資安人力外，對於優秀資安人才的重視程度也日漸提升。因此，除了知識層面補充之外，更多團體單位舉辦資安出題解題活動，競賽團隊藉由競賽方式發揮所學，透過公開競爭相互切磋並從中學習，增長資安相關防護知識與技能。

此外，也可以透過參加具實務操作演訓活動或課程，探索資安專業領域及資安工具實訓演練，以強化問題分析與解決能力；

同時在實戰過程中，精進自身專業技能與累積實務經驗。

　　面對新興科技推陳出新，政府、學校、企業與社群團體在從不同面向培養資安人才的當下，都了解除了培育外，更要讓人才達到訓用合一，將所學能夠確實應用於職場上。因此，落實訓練後的實際效果驗證，進而擁有國際競爭力，可說是重中之重。

圖4 資安人才發展設計思維與推動方法

提升基礎職能提升
藉由結合數位與實體課程等學習，充裕知識與技能，提升資安意識

參與競賽活動
藉由競賽方式發揮所學，並透過公開競爭相互切磋並從中學習，增長資安相關的防護知識與技能

累積實作經驗
參加具實務操作演訓課程，如沙崙資安基地實測場域舉辦的課程，進行實際演練與操作攻防演練，實訓演練

強化訓用合一
新興科技推陳出新，配合組織發展，進行在職人才的職場再訓練，並強化落實訓練的實際效果驗證

資料來源：資策會

實證案例

　　資策會於2021年執行「資安人才培訓招募計畫」，採先聘後訓機制，以資安所實際研發人才的需求，篩選符合資格的人才。

新聘同仁進入工作場域前，先參與客製化訓練課程，透過短期資安知能課程訓練，引領他們對資安管理系統建置與法規的認識，以及強化網路攻擊、滲透測試、資安事件應變與處理、安全軟體開發與測試等專業知識，再結合組織內的前輩指導，進行分組專題實作，最後以成果發表方式，確保同仁已經累積資安技能與資安問題的解決能力。

　　新聘同仁進入實際工作場域後，仍須持續拓展各領域資安知識。除了進行相關研究及模擬驗證外，更著重加強資安實戰

圖 5 資策會資安人才培訓招募計畫機制

先聘後訓 訓用合一 發展資安人力實戰力

人才招募	知能培訓	職內實戰訓練	留用媒合
面試書審 聘用	面授課程 前輩指導 專題實作	內部工作訓練持續能力精進 外部企業合作培育資安實戰 分科分級人才能力評鑑設計	留任員工 媒合產業

訓用護照機構 ▼ 完整記錄呈現

資料來源：資策會

力的精進，如：進行軟體物料清單（Software Bill of Materials，SBOM）工具操作與模組開發，或實際到合作企業場域，進行弱點掃描作業、產品解析、設備弱點驗證與設備安全檢測等，**以實戰過程驗證理論說明，藉此建立正確的資安觀念與累積經驗。**

資策會對於這批同仁，也著重適才適性發展 —— 一段時間後，會將不同職務所需具備的能力表現，進行分科分級的人才能力評鑑內容設計，定義目標達成條件及升級標準，將學習歷程、工作經驗、能力級等記錄於數位履歷護照中，做為未來用人單位客觀了解人才能力與未來發展規畫時的參考依據。

資策會因應之道 助政府培育資安人才，擴散企業建立以訓用合一的資安人才培訓體系

資安的實戰人才條件，不僅需要具備資訊及資安基本知識和技能，更需要多年實務經驗的累積和持續技術的精進。為充裕整體產業資安人才市場，以資策會的先聘後訓、訓用合一做為以戰代訓先導案例，提供企業做為人才發展的新模式標竿。

行政院國家資通安全會報技術服務中心（NCCST）為協助培育政府資安人才與發展資安職能訓練藍圖，以策略、管理及技術三大面向，提升機關資安管理與技術能力，培訓政府機關專職人力。

政府體系的資安同仁所擔任的職務與負責任務，有別於產業

的資安人才，執行業務時應具備的知識與技能水平，在不同階段與職級的要求明顯不同。因此，資策會於2022年與行政院資通安全處合作，協助規畫資訊安全人才培育共用框架、製作政府資安人才能力評估量表及進行政府資安人才盤點，分析國際層面的資安勞動力框架，建立切合我國需求的產官學研資安人培共用框架，並依據政府機構不同階段與職級需求，擬定適用政府機關資安人力的工作角色需求表，做為資安職務能力評估使用。

展望未來，資策會希望能將此能量進行擴散，推動長期資安人才發展策略，以**帶動民間培訓單位建立以「訓用合一為導向」的資安人才培訓體系為目標，補充整體資安人才市場、厚植頂尖實戰人才培訓能量**，孕育更多優質資安人才。

四、跨域人才發展：
建構完整的數位經濟資源網絡

挑戰與痛點 硬體製造代工不足因應新態勢

台灣的產業結構長期偏重硬體研發與製造，面對數位經濟發展，專業人才主要以研發、設計、製造與操作等硬體專業知識與技能者居多，對於快速發展的數位經濟所需卻不足以供應，顯見現有的營運思維及組織人力結構仍待調整。

　　近來數位科技迭代更新，產業新型態專業人才不足的問題愈顯嚴重，國內產業的推動政策，也積極朝向數位化與智慧化方向發展，但AI、資料科學、智慧聯網等重要性與日俱增，數位經濟時代的求才與求職市場，始終有補不足的供需媒合缺口。

　　面對科技多元應用服務發展，產業亟需具跨領域思維、邏輯思辨、整合能力與商業創新的跨領域人才。因此，未來人才培育必須著重數位技能的養成、適應多元工作與多樣雇主的常態，同時培養運用科技解決問題的專業技能。

人才發展策略 開設跨域數位網路學院

　　COVID-19疫情加速企業數位轉型的腳步，數位化成了新常態；然而，產業對數位人才的期待不再侷限於單一科系，跨領域技能已經成為決勝關鍵。基於各行各業對於數位人才的需求現況，資策會鏈結產學研各界資源，設計「企業出題 × 跨域人才解題」學習模式，共同投入跨領域數位經濟人才培育，帶動跨業數位創新，促成產業結構轉型升級。

　　資策會建構跨領域數位經濟課程所需的資源網絡，例如：打造跨域數位網路學院，讓任何人都能不受時空地域限制進行學習，提供密集性的人才加速培育課程。此外，也會擇優篩選具數位經濟領域發展潛力的學生至法人或業界研習，組成跨領域團隊共同執行實務專題，以「線上學習‧線下指導」模式進行，並提

供實作場域，建立非資通訊背景學習者適性的學習路徑，培育跨領域數位人才。

　　換句話說，該培訓模式是透過專業課程訓練與專題實作體驗，熟悉不同領域的產業趨勢與所需技能，藉此磨練研習生實務專業技能與解決問題的實戰能力，進而培養團隊合作、溝通、創新與領導等軟實力，使研習生在培訓後，能與法人或企業持續合作，甚至進一步媒合就業，成為產業即戰力。

推動方法　理論實務雙管齊下

　　推動方法分為四個階段，前兩階段是透過跨域數位網路學院完成：先以數位學習先修課程，了解數位經濟產業趨勢，使其具備產業發展的基本概念；再以跨域數位的必修課程，讓研習生進入單位研習前，依照各自背景專長與未來專題領域，增進領域內容與應用發展認識，強化領域技術能力，加速實務專題推展。

　　第三個階段直接進入場域實作，由業師帶領研習生融入組織團隊，搭配企業出題（產業實際產品或服務專題）與研習生解題方式，讓研習生有機會實際應用數位科技工具，輔以跨域數位網路學院模組課程，產出符合業界需求的產品或服務。

　　第四個階段將研習生專題成果透過展示、發表或競賽簡報等方式驗收成果，邀請產學專家評比指導，呈現各界跨域實戰的累積成果，以適才、適訓與適用方式，加速研習生職能與就業發展（詳見圖6）。

實證案例

除了跨域數位網路學院與業界專題實作之外，資策會也與許多大專院校合作，推廣「線上學習‧線下指導」的跨域混合學習模式，期許能在大學場域中培育更多非資通訊專長的學生擁有跨域數位能力。

（1）台灣師範大學心理輔導系學生驚豔完成App

2022年與台灣師範大學心理輔導系合作開辦「Figma設計專

圖 6 跨域人才發展的推動方式

打底跨域學員的領域基礎
① 共通先修課程

產業業師的手把手專題指導
③ 實務專題研習

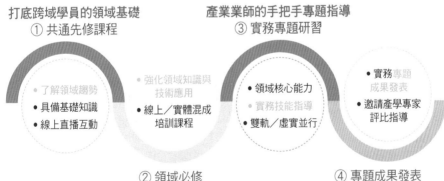

- 了解領域趨勢
- 具備基礎知識
- 線上直播互動

- 強化領域知識與技術應用
- 線上／實體混成培訓課程

- 領域核心能力
- 實務技能指導
- 雙軌／虛實並行

- 實務專題成果發表
- 邀請產學專家評比指導

② 領域必修
強化跨域學員的技術能力

④ 專題成果發表
呈現跨域實戰的累積成果

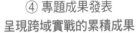

資料來源：資策會

屬App介面」課程，此課程對象針對即將擔任國高中生輔導老師的大三與大四學生，透過四週短期訓練課程，藉由線上課程教導同學了解未來數位發展趨勢，以及學習AI、UI／UX等基礎概念；同時邀請業界專業師資，以實體課程帶領同學進行Figma實作教學並完成專題，課程中製作生涯探索資訊平台，協助國高中生同學聚焦興趣和給予未來職涯建議，進一步推薦未來職業所需的能力課程。

（2）政治大學公共行政系也會AI影像辨識

2022年資策會另與政治大學公共行政系合作開辦「科技與政府：AI實作課程」，課程對象為公行系一年級新生，共規畫四次線上直播課程，以「Python基礎」與「什麼是AI」等基礎概念入門，由淺至深帶領學生了解Python語言結構與特色，以及影像辨識程式改寫方法，同時運用Google Teachable Machine視覺分類工具網站完成影像辨識相關專題實作。由於公行系同學未來多數將往公部門發展，在這堂課程學習中，同學可將所學結合數位工具應用於生活中，對未來職涯發展也可開創出更多元視野。

透過以上兩個實證案例，資策會獲得許多同學課程正向回饋，從學生的學習心得中發現，多數非資通訊科系的同學過往常有「在這個科系無法學習程式」的想法，也認為學習程式門檻過高而產生排斥心態；然而在「跨域混成學習」的模式中，不僅非

資通訊領域的學生可循序漸進建立對於學習數位技術的自信心與成就感，亦可促使他們發現自己職涯方向其實很多元。

資策會因應之道 擴散跨產業實務，強化產業實務經驗

綜合上述，「企業出題 ╳ 跨域人才解題」培訓模式是透過產學研合作鏈結的建立，培養跨域數位實務人才，同時利用跨域數位網路學院課程，提升人才數位應用能力。另外，與大學校院合作「線上學習‧線下指導」的跨域混合學習模式，培養更多非資通訊專長背景的學生跨入數位經濟領域。

未來，**資策會將從「跨領域數位學習」開展至「跨產業數位應用」**，目前跨域數位網路學院已建立AI、資料科學、智慧聯網、智慧內容與數位行銷五大領域專業模組課程；之後將進一步建置跨域數位「產業專區」，強化與產業實務之間的關聯，加入各產業發展趨勢與數位應用案例課程，例如：醫療、農業、旅遊、電商與紡織產業等，使學員能更加了解各產業趨勢應用，並將五大領域技術與產業實際需求進行扣合，拓展網路學院課程於各產業應用的廣度與深度。

五、跨國人才發展：
促進台灣與全球數位人才循環

挑戰與痛點 十年內面臨大量人才缺口

　　經濟部「數位轉型基盤建構先期推動計畫」指出[註2]，依據行政院主計總處與國發會推估，2021～2030年我國數位相關（STEM領域）人才需求包含：自然科學、數學及統計領域、資通訊科技領域、工程暨製造及營建領域等，每年數位人力需求約為13.6萬人（2021～2030年需求推估為136萬人）；在台灣少子化趨勢下，每年數位人力供給僅約6.7萬人（2021～2030年供給推估為67萬人）。

　　與需求相比，數位人才供給數量與需求數量有明顯缺口，不僅受少子化影響，另一方面更在高齡化雙重夾擊影響下，人才不足問題更加嚴峻，進一步導致勞動供給及勞動生產力趨緩，為未來總體經濟帶來長期負面影響。有鑑於此，為補足國內勞動力缺口，延攬國際人才一事可說是刻不容緩。

　　從產業趨勢來看，COVID-19疫情對全球經濟造成結構性的影響，全球人才缺口也大幅增加，如：隨COVID-19疫情興起的宅經

註2：參考經濟部工業局《數位轉型基盤建構先期推動計畫》https://www.moeaidb.gov.tw/external/ctlr?PRO=executive.rwdExecutiveInfoView&id=15332

濟、遠距溝通與零接觸經濟，帶動對網路通訊、筆記型電腦、半導體、伺服器等相關產業的高度需求。

此外，全球數位化促成產業嶄新商業模式與跨領域的整合應用，創造嶄新產業商機，延伸出多元工作模式及型態，使新興領域人才需求不斷攀升。

在目前全球大量人才缺口情形下，「全球化」與「數位化」正是這一波產業人才需求的關鍵字。同時，各國政府皆紛紛提出攬才、培育與留用相關政策，培育具備知識技能與多元思維的高素質人才，積極廣納國際專業人才以提升自身國家國際競爭力，藉此鞏固自身國際地位。

STEM領域

STEM，為科學（Science）、科技（Technology）、工程（Engineering）、數學（Mathematics）四個英文單字的縮寫，為一注重以跨學科與應用的方式，將此四項專業領域整合的新興教育議題。由於當前世界各國多一致認同，未來社會將有許多工作亟需此四項領域專業，且新興科技亦多為跨領域整合應用的創新型態，因此多將STEM列為重要教育課題；另外亦有加入藝術（Art）而成的「STEAM」等變化形式。

人才發展策略 深化產業鏈結，促進人才跨國移動

為了推動跨國人才發展，資策會展開三大策略：

（1）延攬在台外籍人才

適用於目前已身在台灣的國際學生，透過產業實習與交流培育模式，將國際學生推送至我國產業進行專題實作，藉此將我國高等教育機構精心培育的外籍人才，延攬至本土產業進行服務。

（2）本國數位人才國際化

規畫國際需求的數位技能課程與交流活動，推動跨國產業實習等模式，讓人才變成「國際化本國數位人才」，促成本國人才與外籍人才密切合作，戮力培養本國人才的國際競爭力，以期帶動本土產業國際化。

（3）吸引外籍人才來台

協助我國產業營造友善國際人才的職場能量，吸引外籍人才來台服務，同時整合外籍人才來台就業或進修資源，網羅外籍人士友善企業，建置人才媒合平台，提供外籍人才進入我國產業的管道。

推動方法 產學媒合＋跨國遠距實習

至於推動跨國人才發展，可由兩個面向切入：

（1）在台外籍人才產業實戰

「在台外籍人才」為發展跨國人才中，至為關鍵重要的一環；不管原因為何，外籍人才已先行選擇台灣做為其落腳點，因此應更積極將這類型人才留在台灣，讓他們得以為台灣貢獻一份力量。主要推動方法可分為三階段：

「國際人才媒合」階段：須鏈結台灣企業與法人研究單位，因應人才缺口與產業發展趨勢，配合產業國際人才需求，如：資訊科技、創新科技應用、數位轉型與資安等，與全台大專校園的在台外籍在學學生進行媒合，網羅全台就學的外籍精英，藉由進入台灣職場進行實習，熟悉國內的工作環境。

「實務專題研習」階段：以實務專題導向的研習方式，在業師指導下，讓外籍人才與本國人才共同攜手合作進行解題，促進本國人才與外籍人才之間的交流，進而共育國際數位人才。

「結訓與就業」階段：讓外籍人才與本國人才共同發表專題成果，展現外籍人才專長，鼓勵企業與法人研究單位積極延攬合適的外籍人才，到相關單位就業；或辦理就業博覽會等活動提供就業媒合機會，以順利讓優秀人才留在台灣。

（2）本國人才海外實習及外籍人才遠距合作

　　跨國人才除了在台外籍人才外，亦包含具國際視野的本國人才，有能力執行跨國業務，為台灣引進更多國際合作機會。針對該人才的發展方式，許多人會直覺地想到出國留學及海外實習；然而，此方式通常需要家庭或校方資金支持才能實現。對於此困境，藉由數位科技輔助，已可運用遠端溝通方式解決。

　　COVID-19疫情雖導致全球產業步調減緩，但眾多國際企業及產業人才對於遠距溝通模式的接受度大幅提升。因此，「跨國遠距實習」可做為推動跨國人才發展方針之一，主要推動方法可分為三階段：

　　「國際人才媒合」階段：可與海外企業或有執行跨國業務的在台企業合作，由企業提供遠距實習職缺，配合我國產業所需的國際數位人才，將實習領域聚焦於AI、資料科學、數位行銷與國際事務推動等數位經濟產業發展主題，並與全台大專校院的本國學生進行媒合，依據企業用人需求，以遠距方式進行暑期短期實習或是一年期長期實習。

　　「遠距實習」階段：無須負擔機票、海外住宿等大筆花費，即可執行國際業務、接觸外國人才與體驗海外職場文化，且無須面對身處異地的不確定性，更能心無旁騖地實習；對於家人而言，也是相對安心的實習方式。

　　「結訓與交流」階段：由本國人才分享實習經歷及成果，並

參與國際主題課程或國際人才交流等相關活動，加深文化理解及持續拓展海外人脈。海外遠距實習可視為本國人才走向國際化的敲門磚，本國人才無須花費大量金錢及精神成本，即可體驗國際職場與執行跨國業務。擁有海外實習經驗的本國人才，未來將更有勇氣及競爭力邁向國際，為台灣拓展國際能見度，協助台灣產業與國際接軌，促進台灣產業國際化。

實證案例

（1）國際學生跨國合作研發智慧瑜伽墊

為補足人才缺口，吸引外國人才在台實習，將外籍人才留在台灣一事刻不容緩；然而，現況並未有太多組織積極實踐此事。資策會聚焦於數位經濟產業發展的相關主題，協助政府提供外籍學生於台灣企業與法人單位進行為期六個月的在台實習機會，以實務專題為導向，讓外籍人才與本國人才互相激盪交流，快速促進台灣未來人才提升國際力。

在外籍人才跨國在台實習案例中，以財團法人紡織產業綜合研究所為例，此法人單位於2021年媒合來自台灣、巴基斯坦與泰國同學，組成研習團隊，主要負責研發智慧瑜伽墊。同學雖皆來自不同國家與背景，包括：物理、資工、生傳、金融科技、工業設計、動物科學技術與國際觀光餐旅等科系，卻得以透過專業知

識交流、語言文化相互磨合，進而進行跨國與跨領域合作，成功研發出結合智慧織物與數位媒介，可透過感測足底壓力技術判斷使用者姿勢，也可輔助瑜珈初學者改善呼吸的智慧瑜伽墊。此專題於2021年獲得「TCA人才循環交流推動計畫」成果發表會首獎，其中巴基斯坦研習生更獲得三立電視台訪問契機，此例子可說是國際人才跨國在台實習的典範案例。

（2）本國學生跨國遠距實習，開創荷蘭紐西蘭新創合作方案

除了在台外籍人才之外，培育有能力執行跨國業務，為台灣引進更多國際合作機會的國際化本國人才，也是人才循環交流的方向之一。

以本國人才於國際平台GO SMART跨國遠距實習為例，「全球智慧城市聯盟」（GO SMART）是一個國際資源分享平台，為全球智慧城市的政策制定者，以及為解決方案業者提供交流與媒合，目的是集結各界力量相互交流，促使平台會員找到合適的合作夥伴，加速智慧城市發展進程。

在資策會協助下，2021年媒合八位國內大學校院學生，科系包含：外文系、政治系、經濟系、企業管理系與國際經營管理系等，學生於暑假期間展開兩個月遠距實習。實習期間執行GO SMART國際業務推廣，由實習生團隊研析荷蘭各城市的強勢產業，搜索該城市的新創園區、加速器與學研機構等生態圈夥伴，

進行合作方案發想、陌生開發數家海外新創團隊洽談合作，最終成功鏈結三家荷蘭新創，包括：Brainport Eindhoven、Startup Amsterdam與Amsterdam Startup Village參與後續合作討論。

除了為GO SMART開創合作契機外，實習生團隊以三大加速器紐西蘭Ministry of Awesome（MoA）、Plug and Play（PnP）新加坡與泰國為對象，遴選四家紐西蘭新創參與合作方案，透過落地台灣課程、媒合台灣新創及顧問諮詢等活動，了解台灣產業市場需求、創業簽證與登記稅務規範，促成國際合作案例，且獲得未來長期國際合作來源與夥伴。

（3）辦理線上跨國際遠距職場增能及線上虛擬交流媒合

COVID-19疫情對全球經濟造成結構性的影響，宅經濟、遠距溝通、零接觸經濟等模式進入大眾日常生活，使得跨國遠距交流成為可能。因此，打造遠距直播培訓與媒合平台，使跨國人才培訓交流更加便利。

傳統國際人才交流方式多為講者與參與者前往活動主辦國，與各方人才面對面交流；但實體交流須花費大量交通時間跨國往返，增加出行成本及適應時差等，加上COVID-19疫情未歇，出國金錢及健康成本提高，致使國際人才交流活動窒礙難行。

因此，資策會利用直播工具，結合活動規畫及流程安排，打造遠距培訓模式與媒合平台，規畫一系列遠距線上培訓課程及

人才交流活動，使國際級人才無須千里迢迢趕赴會場，也可參與培育活動，並進行順暢的交流互動。以國際職場系列培訓課程為例，邀請具備國際能量的業界人士，以線上培訓方式，向外籍學生傳授LinkedIn經營觀念、履歷與求職信撰寫技巧、高效能工作心法及分享講師自身國際交流經驗。線上培訓課程打破國界距離，使學生身在台灣也可接觸到更多國際人才。

此外，辦理線上國際實習生媒合會，除建置線上虛擬交流會場與企業專屬面試會議室外，更因應全球時區差異分時段面試。學生可於事先選擇合適時間，在線上虛擬媒合場地自由參觀交流，與實習單位進行遠距線上面試，爭取海外企業實習機會。此遠距媒合方案解決實習企業與學生，因所在地區不同所衍生的時區差別與地域遙遠問題，讓更多學生有機會被不同國家的實習單位發掘進而接受培訓。

資策會因應之道 轉型台灣成為「國際人才匯集地」

蔡英文總統曾於2020年總統就職典禮中提及：「台灣要成為全球經濟的關鍵力量，就必須匯聚各方的人才。」有鑑於此，台灣若要與國際進一步接軌，勢必須更加重視國際人才延攬與培育及產業國際競爭力提升。

本文為發展跨國人才所設計的國際人才產業實戰、海外實習暨遠距合作等各項人才循環機制，一方面推動更多國際人才加入

台灣產業，由產業直接培育所需人才；另一方面創造本國人才登上國際舞台，強化人才國際競爭力。透過推動國際人才與海內外產業的循環流通，強化台灣與國際之間的鏈結、提升我國人才資產，以更健全的育才、留才制度及友善國際化環境，吸引更多全球人才加入、台灣人才回流，將國際經驗與技術在國內扎根。

期待日漸增長的國際數位人才資產，能轉型台灣成為新的國際人才匯集地，並加速產業國際化與數位轉型，達成整體產業躍升的目標。

數位轉型的同時，資策會觀察到國內企業面臨共通困境，不外乎缺乏轉型方法、缺乏成功案例可複製學習，以及缺乏數位人才。因此，資策會提出以建構「數位轉型學堂」培育ACE（Architect、Consultant、Evangelist）顧問專家為解決之道，下列詳述國內產業面臨的挑戰、推動方法過程及成功關鍵因素。

數位轉型學堂
助力產業共創共榮

隨著台灣朝向「數位國家、智慧島嶼」邁進，政府與企業在推動數位轉型時，也須逐步由需要轉變為必要；更有如箭在弦上，有須即刻採取行動的迫切感。儘管如此，面對環境變化，仍有多數企業自覺尚未做好轉型準備。

為解決台灣企業面臨的困境與挑戰，協助其從數位創新、調適到轉型，促使整體數位轉型生態健全，資策會「數位轉型學堂」積極發展系統化工具與方法，培育各領域專才顧問，從中累積數位轉型成功案例，進一步打造數位創新生態。協助企業在推動數位轉型時，能從不同角度全方位思考，達到跨領域數位科技價值共創。

提供最適化顧問服務

ACE專家分級認證

建立分級顧問培訓制度

資策會為推動台灣企業數位轉型，且為彌補產業供給端（甲方）與需求端（乙方）資訊不對等現況，聚焦扮演第三方認驗證機制服務角色，協助建立彼此能力，達到雙贏的健全數位生態體系。因此，學堂特別發展一至三級顧問培育制度，提供企業不同轉型目的與層次的顧問服務，2022年已逐步培育超過200名ACE顧問（詳見圖7）：

圖 7　ACE顧問分級培訓目的

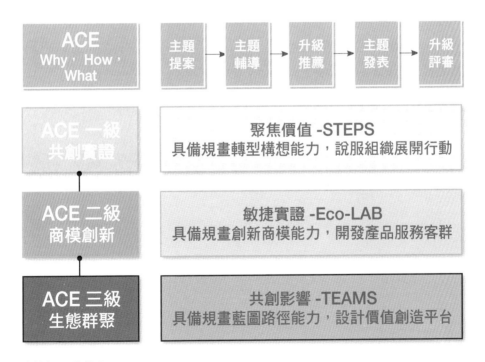

資料來源：資策會

第一級ACE顧問

培育顧問能夠針對企業場域進行數位轉型共創實證，促使顧問具備規畫轉型構想能力，以利進一步引領企業展開轉型行動。

第二級ACE顧問

培育顧問能夠針對商業模式進行顧客、問題、產品及市場等階段性驗證，促使顧問具備規畫創新商業模式的能力，以利進一步開發產品服務客群。

第三級ACE顧問

培育顧問能夠鏈結產業生態夥伴，從中切入扮演第三方認驗證機制服務角色，促使顧問具備規畫藍圖路徑能力，據此進一步設計健全的價值創造平台。

系統性培育
數位轉型顧問

第一級ACE顧問

培訓方法

第一級ACE顧問的培訓方法，在第二堂課已有提及（詳見 P.38），即是運用STEPS產業創新化方法，簡述如下：

（1）需求挖掘（Survey）：透過問卷與訪談，調查利害關係人 對於組織內的數位轉型需求。

（2）主題目標（Target）：調查背景與問題、鎖定目標客戶 （TA），依據需求確認主題方向，進而發展可行方案。

（3）鏈結組隊（Engage）：將方案進一步進行評估，邀請不同 背景對象共創激發出目標客戶同意的創新服務方案。

（4）先導實證（Pilot）：將服務以最小可行性產品（Minimum Viable Product，MVP）試行驗證。

（5）服務擴散（Spread）：將服務擴散推導至更多對象使用。

培訓過程與成果

以資策會做為實證場域，由跨部門成員組成團隊，安排對應 的專業領域Mentor輔導，促使團隊從洞察轉型需求與找出業管單

位，進一步發想可能的解決方案，再鏈結其他合作對象或服務資源，將其以最小可行性產品予以實證，最後擴散至全會。透過此過程運作，促使資策會每年產出至少十個解決方案，以進一步驅動內部數位轉型。

第二、三級ACE顧問

培訓方法

在第2堂課〈ROAD七大階段 邁向數位生態發展之路〉有提過，即運用R0～R6系統性階段，各別產出成果進行檢核（詳見P.48）。

培訓過程與成果

藉由具有共同願景目標的不同部門團隊共創生態主題，透過產業趨勢研究，確立生態藍圖與主題市場商業模式位置，輔以安排專業領域的內部與外部Mentor協助輔導，進一步針對其執行的商業模式進行階段性驗證，同時確定價值客群與合作夥伴等，將主題規畫逐步退至顧問、教練或認驗證機構位置，在實戰激盪碰撞之下，讓產出的數位生態能有效且健全地運行。資策會透過上述過程，已培育十個團隊及十個數位生態藍圖。

目前產出成果
以及價值創造

第一級ACE顧問

　　資策會每年皆提出內部數位轉型方案，以2021年為例，提出四類共十項轉型方案（詳見圖8），說明如下：

（1）便利作業流程

圖8 **第一級ACE顧問提出2021年數位轉型案例**

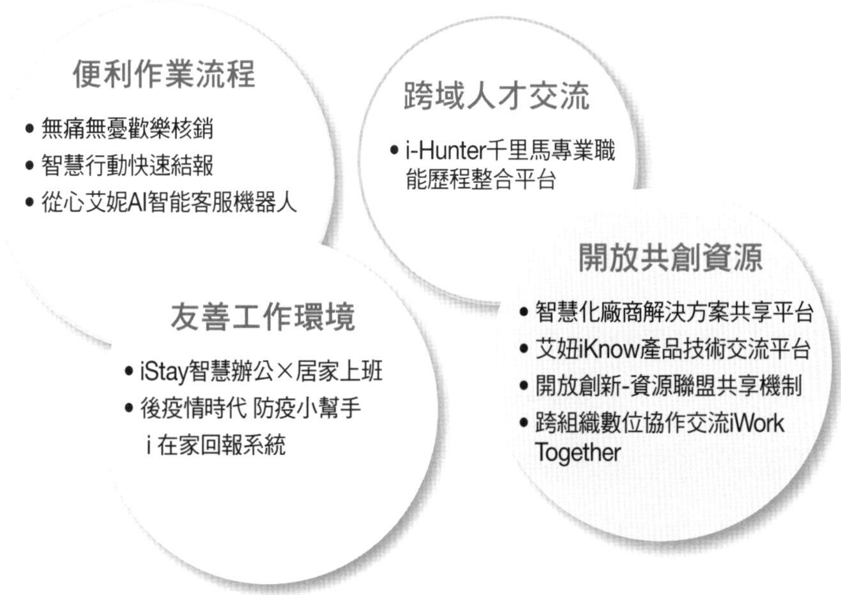

便利作業流程

- 無痛無憂歡樂核銷
- 智慧行動快速結報
- 從心艾妮AI智能客服機器人

跨域人才交流

- i-Hunter千里馬專業職能歷程整合平台

友善工作環境

- iStay智慧辦公×居家上班
- 後疫情時代 防疫小幫手 i在家回報系統

開放共創資源

- 智慧化廠商解決方案共享平台
- 艾妞iKnow產品技術交流平台
- 開放創新-資源聯盟共享機制
- 跨組織數位協作交流iWork Together

資料來源：資策會

包含：單據核銷、結報數位化，以及智能客服於申請上單階段的跟隨服務等，促使會內同仁核銷結報作業更便捷且減少錯誤。

（2）友善工作環境

因應COVID-19疫情，提出智慧辦公及遠距上班數位化工具包，以及重大事故回報系統（如花蓮普悠瑪列車事件），確保資策會同仁安全性，打造便捷、安全工作環境。

（3）跨域人才交流

透過會內同仁履歷的開放整合共享，促使管理者於專案進行前，可更加快速找到對應的合適人選。

（4）開放共創資源

將會內產品技術與解決方案進行共享，促使各部門可相互連結專業，進而發揮共創效果。

第二、三級ACE顧問

2021年開始，資策會培育第二、三級ACE顧問團隊，目前已產出十大數位生態藍圖與前瞻報告及白皮書，詳見第5堂課。

企業最佳數位轉型推手

　　資策會以「數位轉型化育者」為定位，積極邁向第三方協力機構轉型。為推進此目標達成，除了將ACE顧問依層次分級培訓，亦搭配系統性工具、方法與案例，加入內部與外部專家擔任Mentor。

　　團隊在實戰過程中，藉由群體力量走得更穩與更遠，協助台灣企業順利從數位調適走向數位轉型。

藉「做中學」淬煉實戰力

訓用合一認證

資策會從解決用人單位數位人才需求的痛點出發，掌握全球數位人才脈動與缺口，建置數位人才實戰力評估模型與職能發展系統，推行第三方訓用合一認證機制，協助認證單位及用人單位推行與採認職能護照。

除在資策會內部推動之外，亦提供專業行業人員、社會新鮮人與教學單位，透過實際場域任務解鎖歷程認證，落實訓、用方面教育與訓練，厚植我國數位人才實戰能量。此外，導入職能培育回饋與推薦系統，協助用人單位員工適才適所，整合區塊鏈學習履歷及績效評測模式，精準掌握產業轉型人才職能與供需缺口。

實戰人才在全球化浪潮與快速變遷的商業環境中，成為現今企業獲得重要競爭資本與優勢的關鍵，數位技術與環境快速變化，新議題與新技術挑戰不斷增加，現有單一面向的素養題或程式測驗已難以評估多元實戰力，用人單位（包含政府與企業）不易衡量員工競爭力。

因此，資策會提倡「訓」扣合產業職能習得具備所需理論素養，「用」整合工作實戰經驗、倡議以戰養戰，突顯個人價值。建立專業實戰養成與經歷認證方法論，落實與推廣數位人才訓用合一平台、職務評估模

型、任務評核機制與職能發展支援系統。

人才供需資料不對等

　　掌握關鍵人才創造用人單位價值，唯「人才」為用人單位最重要資產。然而，供需媒合容易產生資訊不對稱，招募溝通與揭露資訊是用人單位讓求職者充分了解組織及工作範疇的方式，招募資訊即是為求職者評斷組織內部與工作相關真實狀態的關鍵，各用人單位內職業培訓及留用、攬才資訊宜通透。因此，招募資訊完整性與可信度，將影響新進員工的預期符合程度與工作鑲嵌，將成為影響新進職員工作投入程度與離職意圖的重要因素。

　　降低人才招募資訊不對稱，將可有效降低招募成本，亦可達到適才適所。綜觀人力資源業者紛紛提出資通訊解決方案，以國際知名平台LinkedIn為例，雖採用社群媒合當成主觀資訊評價好友的技術深度，然此作法依舊難以做為客觀使用，因此，產業尚缺第三方人才認證服務。

　　資策會協助用人單位掌握數位人才供需、盤點企業職能缺口與落差，提供用人單位快速、精準補足落差與評鑑方式，同時協助員工培養自身專業技能，跟上最新科技發展趨勢，並透過數位人才發展系統，讓用人單位有效管理及提升人力資源，加速有人才需求單位皆能鏈結「實戰力」人才，讓用人單位能夠在數位經濟潮流中，快速應對數位世代變遷。

可信任資料治理

「數位化發證」可有效降低實體紙本證書發行成本、典藏成本與用人單位員工查核成本，透過區塊鏈技術賦予不可篡改與透明公開等特性，數位化方式能確保護照、證書與歷程資料的真實性、不可偽造性和可追溯性，同時記錄個人生涯完整過程，包括：學歷、職業歷程、培訓紀錄、職場經驗及受獎懲等資訊。其中，偽造畢業證書新聞時有所聞，求職者不實或誇飾履歷現象更是層出不窮，對於徵才單位來說是一大風險。

資策會訓用合一平台為解決上述問題，記錄從小到大工作歷程，藉由週期性且長時間地持續記錄，呈現考試無法呈現的實戰力成果，建立最真實完整的人生履歷認證。目標是讓台灣人才在國內求職，以及走向國際時大幅減少背景資歷驗證流程，同時協助企業降低人才資歷驗證的時間與成本，加速關鍵人才布局更到位。

為推動可信任資料治理平台，有以下三個重點：

（1）建立護照認證流程

開發維運職能護照，針對學習、見習到實作不同的培訓方式，訂定相對應的評核機制，例如：透過書面測驗、委員評核與成果導向評定等考核類型。

（2）資料去中心化儲存

整合區塊鏈技術賦予不可篡改與透明公開等特性，確保護照、證書、學習歷程、專案經驗與工作績效評測資料的真實性。

（3）資料數據交換機制

資料提供端屬系統性串接，為使用者資料進行把關，其具公信力且提升數據價值。

四個方法
建立訓用合一人才認證

關於訓用合一人才的認證架構，其執行方式如下：

方法① 建構職能發展地圖

參考國內外勞動力框架（NIST NICE Framework、ICT Skills Framework），針對不同專業職能進行分科規畫，建立各項分科分級職能地圖，勾勒專業領域分科職務與任務，以及執行業務時應具備的知識與技能水平。

此外，為因應專業職務在不同階段、不同職級的要求明顯有所不同，意即在不同職位上的人員應具備符合該職級勝任的能力（Competence），以及該職級所應具備的技能成熟度。透過分級

培養的訓練體系,提高企業組織整體專業人力資源的能力。

　　資策會規畫的專業領域職能地圖,將邀集政府機關、產業及學研代表,透過專家會議取得各方意見進行調整,依照會議規模與需討論的內容,籌組當次專家會議,以取得產官學研各方共識,加速後續擴散推廣成效。

方法2 建立訓用護照

　　以資策會為實證場域,根據專業領域分科分級規畫架構,對應各領域與各階段所應執行的「訓」與「用」工作項目,形成各領域訓用護照,並結合職能護照認證平台,由專業領域相關同仁進行POC實證。

方法3 建立評核機制

　　訓用合一人才評核機制,擬針對各領域、各階段訓用合一的工作項目,規畫能力評估作業方式、評核流程、共通性的評估量表或相關表格文件,協助相關人員以公正、客觀、多面向角度進行人員能力等級評量。

方法4 導入維運機制

　　為能有效落實訓用合一模式,資策會導入PDCA(Plan-Do-Check-Act)循環概念,設立訓用制度委員會,邀請單位高階主管

擔任委員會成員，定期檢視各項工作，如：推動執行進度、人員考核評量、制度修訂等各項內容，以取得單位對於訓用合一機制的支持與監督。

縮短產業供需方人才落差
成就轉換為認證動章

數位科技驅動產業快速變動，現階段已有許多產業正蓄勢待發，運用數位科技提升效率、改善品質和思維，準備將更好的台灣帶往世界。

當科技被大量運用在各行各業之中，意味著傳統人力管理將面臨前所未有的挑戰。如何定義未來產業需求的人才？如何培養員工快速跟上產業變動？誰能率先掌握新世代人才轉型契機，誰就掌握下一波產業先機！

型塑人才發展生態

資策會長期投入產業與科技趨勢研析，本著多年來累積於數位人才培育和研究能量，希望能為產業創造數位人才發展共贏的生態體系，透過互補與共生，讓生態成員更加茁壯。

數位人才發展生態利害關係人包含人才供需雙方（詳見圖9），如：求職者、用人單位，以及提升人才職能、創造人才價值的培訓機構及檢定單位等。

其中，用人單位為具備數位人才需求的企業或政府，通常是人力資源部門；求職者為具備數位科技職能，尋求進入產業發揮專長；培訓單位則包含民間培訓機構及民間檢定單位等，致力於提供數位人才培訓課程來提升人才數位職能，並透過檢定機制驗證人才價值。

　　資策會做為產業人才供給與需求雙方的媒介，以人才發展為核心，建立利害關係人的夥伴關係，以構建產業數位人才發展生態，協助產業人才轉型。

　　對於培訓單位來說，則提供受訓單位適性培訓課程設計、掌握職能落差及補強途徑。對於求職者而言，能透過平台系統獲得職能學習地圖、職能評鑑結果落差分析，平台也能將學習歷程及成果具體呈現於求職者履歷。

圖 9　人才發展生態利害關係人

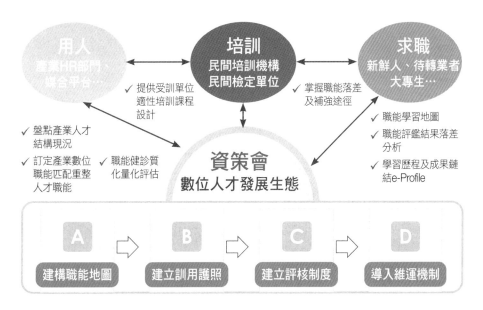

資料來源：資策會

集結產業人才發展力量

　　各行各業皆需求數位跨領域人才，數位職能已成為人才發展顯學。資策會將加快腳步，將數位轉型服務觸角擴大延伸至各行各業，舉凡智慧製造、智慧零售與智慧醫療等產業智慧應用，運用協同更多專業夥伴、集結產業人才發展力量，協助各行業客戶加速扎穩數位轉型根基，使生態夥伴能夠從中激發創新潛能、探索更多商機，進而孕育出各式創新數位應用方案。

　　因應產業數位轉型，產業對於數位人才需求呈現爆發性的成長，但是我國面臨少子化與高齡化人口問題，大專校院人力供給逐年減少，產業人才需求卻逐年擴增，加劇產業人才招募的困難。

　　除了產業人才需求問題，產業需要即戰力人才；惟產業對於人才實戰能力與經驗缺乏客觀的驗證，現有人力銀行主要提供人才供需兩端媒合平台，並未具備為人才驗證及賦能的功能。求職者參加培訓機構數位課程完訓後，雖可取得課程證書，亦難以證明人才的實戰能力。

　　企業對於人才任用成本不僅是薪酬，尚包含：投入管理、人力輔導／培訓及時間成本等，一旦使用不適任的員工，對於組織耗損及影響甚鉅。因此，目前產業培訓及用人，皆缺少高度整合、客觀驗證人才的發展歷程。

　　資策會推動數位人才發展生態（詳見圖10），是為了協助企業解決求才與育才痛點，以客觀第三方單位提供去中心化的評鑑

標準，據此認證產業人才的實戰經驗，因此基於前述三點發展職
能訓用合一護照。

　　訓用合一結構包含發展程序和認證平台，需訓用護照的對象
包含：學校端、在職／求職者及政府職務體系；可以發放訓用護
照的機構包含：認證機構、企業、產業公協會與政府部門等。最
終，產官學研用人單位及人才媒合平台始可採用訓用護照。

圖 10　數位人才發展生態運作機制

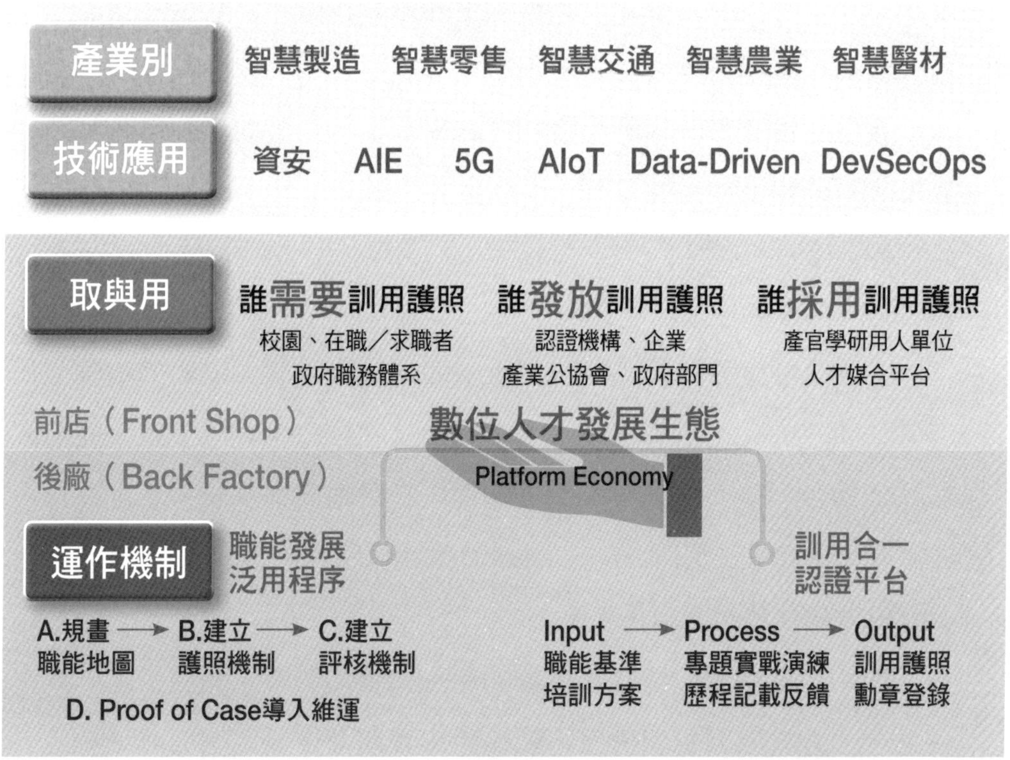

產業別	智慧製造　智慧零售　智慧交通　智慧農業　智慧醫材
技術應用	資安　AIE　5G　AIoT　Data-Driven　DevSecOps

取與用	誰需要訓用護照	誰發放訓用護照	誰採用訓用護照
	校園、在職／求職者 政府職務體系	認證機構、企業 產業公協會、政府部門	產官學研用人單位 人才媒合平台

前店（Front Shop）

後廠（Back Factory）

數位人才發展生態

Platform Economy

運作機制	職能發展 泛用程序	訓用合一 認證平台
	A.規畫 → B.建立 → C.建立 職能地圖　護照機制　評核機制 D. Proof of Case導入維運	Input → Process → Output 職能基準　專題實戰演練　訓用護照 培訓方案　歷程記載反饋　勳章登錄

資料來源：資策會

　　數位人才發展生態運作機制首先延續資策會實證案例，國內非資訊服務產業，需要跨域綜整資訊類及軟性營運管理類別職能，始能落實產業人才發展與轉型。因此，資策會持續研發各行各業泛用型數位轉型職能基準與學習地圖，建立職能發展泛用程序。除規畫職能地圖，以進行數位人力職能現況盤點與職能落差健檢分析之外，同時建立護照及評核機制，透過人才職能發展系統給予回饋，以及建議與能力補強。

　　此外，推薦適性化課程及結合區塊鏈學習履歷，能有效精準培訓及提升企業人力資源，帶動企業人力創新與提升數位轉型能量。最後，將規畫職能基準培訓方案、專題實戰演練歷程反饋和人才實戰歷程登錄於「訓用合一認證平台」，最終取得訓用護照勳章。

推動人才發展數位轉型

　　人生各階段發展及在求學與求職的過程中，個人逐漸累積許多經驗與成就。在求學階段，主要以考試評定學生吸收上課知識與技能與否，但學生畢業後進入職場未必能夠應用。若是在漫長工作階段，無論是剛畢業、在職或即將退休，過程中必定有豐富的經歷需要透過認證獲得佐證。

　　如何將這些成就轉換為認證勳章，記載在個人求職歷程呢？通常，個人成就屬主觀價值，較難對應實務價值，因此若能系統

化將成就透過認證轉換為勳章，甚至轉換為各界可接受的客觀價值，就能縮短產業供需雙方的人才落差。

　　以人才面來看，若能夠協助企業掌握數位轉型人才職能、盤點企業數位轉型人才職能缺口與落差，進而提供企業快速且精準補足落差的培訓方式，協助企業員工培養自身專業技能，跟上最新科技發展趨勢，再透過人才職能發展系統，協助企業有效管理及提升人力資源，加速企業鏈結轉型即戰力人才，企業便能夠在數位經濟潮流中，快速應對數位世代變遷。

圖11 推動人才發展數位轉型

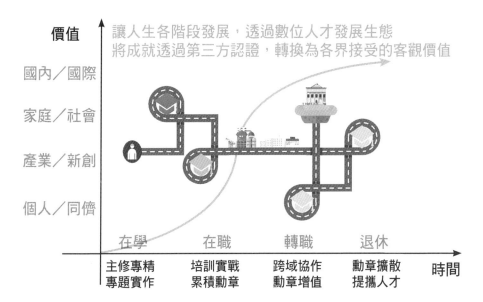

資料來源：資策會

　　資策會以「數位轉型化育者」為核心目標，推動數位人才發展生態，發展數位人才職能訓用合一護照，創造生態成員共利共生的價值，弭平產業人才發展落差，協助產業人才轉型。

擘畫未來

眺望產業生態新藍海

勾勒數位生態藍圖
十大主題靈活因應變局

數位生態若要成功發展,需要強大的「數位合作」能力,而這種能力與傳統的合作夥伴關係不同。

所謂數位合作,指的是透過與其他公司的數位連接,增加更多產品和客戶來創造成長,進而快速回應客戶需求;其中,特別需要能夠決定並與合作夥伴就誰創造價值、收入如何分配,以及共享哪些資料達成共識。也就是說,必須促成生態中所有參與者的獨特價值主張,能夠與生態的共同目標相結合,使參與者之間願意分享資訊和利益,該生態才能取得市場競爭優勢,並得以永續發展。

數位生態的發展正在改變全球經濟;然而,並非每個公司都能像Apple、Amazon、Google等一樣建立自己的生態,成功建構生態模式須有新的策略、流程、能力、技術。目前國內對數位生態的發展經驗仍然有限,普遍缺乏藍圖,因此,資策會以第三方角色,攜手合作夥伴因應產業未來,共同擘畫新興數位生態。

資策會扮演資料生態的倡議者

2021年，資策會從「社會」、「科技」、「經濟」、「環境」和「政治」五個面向，分析影響產業未來發展的重大趨勢，進一步歸納出數位生態創造價值的相關課題，包括：（1）利用新興技術支持企業創新應用及其產生的資料；（2）提升遠距工作環境的生產力、安全性及用戶體驗；（3）虛實無縫體驗的興起，需要建構支持新文化所需的彈性網路環境；（4）公眾更加關注監控和隱私；（5）應對全球加速推進碳中和議程的壓力。

隨著政府、企業和組織加速強化數位化體質來因應上述趨勢議題，數位化將改變經濟和社會的遊戲規則；其中，「資料」將是驅動下一階段數位經濟發展的核心 —— 各行各業的數位轉型將利用資料獲取更多價值，進而推動創新和更高效的營運模式。

世界銀行數位發展的專家也指出，想要轉型建立安全、永續和繁榮的數位社會，必須跨領域、跨組織和跨平台共享和使用資料。「資料治理」則是透過可信任的資料產生、使用和再利用來實現資料價值的關鍵。

為促進資料為核心的數位生態發展，並回應前述五大趨勢課題，2022年資策會提出十大數位生態價值主題加以回應，包括：智慧農業數位分身、人工智慧工程化、運動科技大聯盟、5G開放

式組網平台、EMS產業高階製造、C2M新製造模式、數據交換與
共享、人工智慧先進駕駛輔助、智慧路側雲霧安全系統、節能永
續智慧建築主題（詳見圖1），期望與產業共同打造具競爭力的
數位生態，建立和發展夥伴共創價值網絡，協助企業推進組織文
化、人才和業務轉型。

圖 1 十大數位生態主題

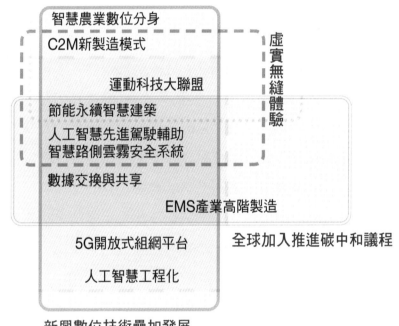

產業數位轉型

智慧農業數位分身

C2M新製造模式

運動科技大聯盟

節能永續智慧建築

人工智慧先進駕駛輔助
智慧路側雲霧安全系統

數據交換與共享

EMS產業高階製造

5G開放式組網平台

人工智慧工程化

虛實無縫體驗

公眾更加關注監控和隱私

全球加入推進碳中和議程

新興數位技術疊加發展

資料來源：資策會

主題 1
智慧農業數位分身
助攻農漁業經營效能

⚙ 產業現況與難題

隨著科技進步，台灣農業發展面臨許多挑戰。首先，農業師傅的技藝和經驗通常採師徒制，較難傳承，且缺乏新血加入易有年齡斷層；另外，就算導入智慧科技也難以計算投資效益；再者，新品種栽培技術不易擴散且擔心抄襲；而農業生產的轉型過程中也趨向追求高利潤，因此，農業生產精準化日趨重要。有鑑於上述種種挑戰，導入新興科技工具為必然趨勢。

🔍 趨勢放大鏡

資策會目前正在推廣智慧農業，輔導農民安裝設備來感測與蒐集相關數據，並逐漸疊加遠端控制功能，以期達到節省人力、緩解勞工數不足的目標。

在數據資料日臻完備後，未來可依據場域建立不同的「數位分身」。數位分身的運作原理，是透過系統化與智慧化學習（AI），蒐集大量且多樣的場域感測與環控數據，並累積具豐富經驗的農漁業管理人員操控經驗（HI），結合研究單位的技術，

以系統化回饋協助優化決策。於此，數位分身有如一位虛擬的農業專家，提供有效的決策建議，解決新進農業管理人員經驗不足的課題。

此外，透過持續累積不同生產規格的數位農漁業決策經驗，搭配智慧感測設備，對應不同的市場規格來區分成本及效益，例如：可以透過知識鑄造廠，建立專家達人的生產管理經驗，轉為合規智慧財產來建立數位分身，幫助產出符合規範的農產品，同時符合現今餐飲市場日趨重視的永續理念。如此一來，就能達成以永續、綠色生態的新興商業模式。

另一方面，智慧栽培等數位技術持續發展，未來可引進智慧感測裝置，即時監控作物與生長環境，以物聯網回傳重要參數，並將巨量資料即時進行數據分析與AI學習，有效幫助農場管理者增進作物生產的質量。同時，若能提高肥料的施用效率，還能減少環境污染，達到永續生產的目標。

未來，農漁業為主的傳統產業，將逐漸轉變為以智慧農業設備或是資通訊技術為基礎。同時，消費市場的需求也會以智慧生產做為主要發展目標。期望能達成以銷代產、數位化數據累積的合規養殖或栽培，以期最終達成農產合規，建立智慧農業生態。

📝 解題策略
以SAFE優化農業數位發展環境

在整個生態藍圖中,技術扮演關鍵角色,透過記錄達人的現場操作行為,把決策過程轉為數據資料後,資訊整合至物聯網,進而形成農業數位分身。此技術發展出「溫室醫生」與「溫室教練」兩項特色數位服務,使得以往只能藉由資深老師傅們口耳相傳的技藝,變得容易學習、複製和傳播。這樣的改變,不僅得以保存達人的農業智慧、持續傳承經驗,還能獲得數據並應用於資通訊設備。長遠來看,甚至可應用於拓展海外市場,使得跨域生產及管理變得更加容易。

此外,透過整合生產端農民對於品種和品質的需要,扣合消費端以及市場端的需求,以此逐步型塑出整個生態樣貌。最終期望達成符合永續生產的「數位農藝」,以及生產多樣化「合規食材」,驅動農作物供應鏈進行數位轉型。

由上述技術可知,資策會角色以農業數位分身技術為核心,打造農業軟晶片數位生態鏈(Smart Agri Fab Eco-System:Taiwan S.A.F.E. Shaper),持續與生產者、農資商、消費市場等生態夥伴合作,力求縮小生產端與消費端的轉型需求缺口。

透過多種農業作物、畜牧、養殖等示範基地實證領域商業模式,將生產端、消費端品牌等,結合不同需求之下的品質打造數位分身。下一步則是透過數位分身鑄造廠融合多種數位分身,打造農業軟晶片,以加速幫助農業轉型、發展嶄新農業數位生態的終極目標(詳見圖2)。

圖 2 「智慧農業數位分身」生態藍圖

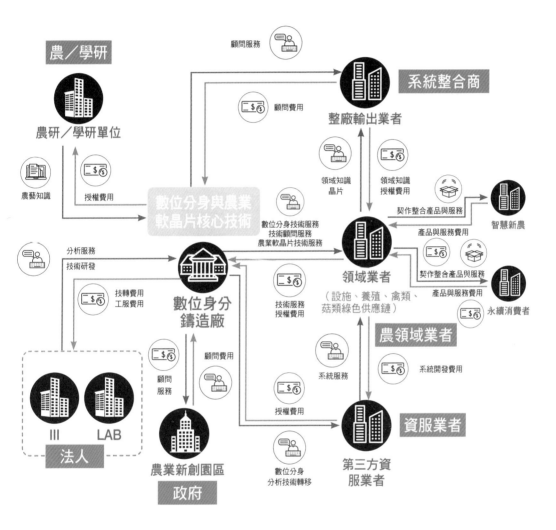

資料來源：資策會

→ 技術／服務提供
→ 金流／效益回饋

主題2

人工智慧工程化
把AI轉化為生產力

◎ 產業現況與難題

企業在推動AI落地的實務上，主要面臨三個挑戰：

一、系統整合：過去企業認為，AI模型的建立只要選用知名大廠現成優異的演算法即可，沒有認真考量實際部署與應用環節，輕忽系統整合複雜性，容易產生成效不如預期、投入資源過多等課題。但實際上模型開發只是第一步，AI模型上線之後，還須與現有系統進行整合才算完成落地。

二、持續維運：AI不像傳統IT系統部署完成後就能置之不理，AI模型上線後，隨著現場資料的累積與變動，可能會產生模型效能漂移或衰減現象（Model Decay），需要持續更新優化模型中的演算法。所以AI要能落地關鍵，是企業必須擁有AI模型持續維運的能力。

三、大量控管：隨著數位轉型的推動，企業導入AI將從單一應用擴大至全公司應用規模，部署數量將以等比級數增加。舉例來說，台灣一家電子組裝工廠，可能就有100多個在不同產線機台上的AI模型需要同時控管，如何做好大量AI模型控管，也是AI能

否落地的關鍵因素之一。

趨勢放大鏡

　　實務來說，AI實際導入除了AI模型開發外，必須面對「系統整合」、「持續維運」、「大量控管」三個挑戰。為了改善這些課題，資策會認為AI Engineering（AIE）提供大規模AI模型優化、維運與管理的自動化流程，使AI導入能從專案客製化，升級到如現代工廠流水線般的量產擴散，做為AI工業化的基礎。

　　AI模型生命週期包含：數據整備、模型訓練、上線營運三階段，每個階段又包含多個步驟來完成，並形成一個封閉迴圈。AIE的核心精神，是透過自動化的方式管理AI模型生命週期（AI Model Lifecycle），以大幅縮短處理反應時間、減少人力介入風險。

　　AIE利用敏捷開發（Agile Development）與軟體工程方法，讓AI走出理論研發階段，進一步後進入生產管理，當中包含三大類軟體技術：第一類是負責數據整備的DataOps（Data Operations）；第二類是以AutoML為基礎，負責模型重新訓練修正的DevOps（Development Operations）；第三類則是負責模型部署營運的MLOps（Machine Learning Operations）。AIE即透過這三大類軟體技術協同運作，以自動化方式管理AI模型生命週期，建立可持續運作的AI系統。

✍ 解題策略
集團式AIE建構與企業雙贏的橋梁

資策會期許成為整合各方的中介角色，以AIE供應商自居，透過自身技術能量，提供AI工具與服務，擔任AI供應商與SI（System Integration）系統整合商之間的溝通橋梁：為AI供應商提供通路，為SI系統整合商提供技術，補足AI缺口，成為雙方間中立且不可或缺的角色，一起協助企業順利導入AI落地。

從圖3可以清楚了解生態中「關鍵合作夥伴」與「目標客群」的位置：AI新創提供最新的AI工具；SI業者提供系統整合能力；資策會AIE提供工具技術（DataOps、DevOps、MLOps），以及創新媒合價值共創、教育訓練與顧問諮詢等服務；場域業者則提出部署AI及資訊服務需求，由資策會AIE結合SI業者專業整合能量，以及AI新創創新技術，針對需求提供顧問與建置服務。

對AIE供應商（資策會）來說，透過AIE可以達到分工合作目的，先以台灣市場為實證場域，結合工具技術、教育訓練與顧問諮詢等服務，形成集團式的解決方案，以團隊主導全球市場。未來，資策會期許能透過AIE帶動AI供應鏈再進化，協助企業順利數位轉型，也帶動台灣AI產業，提升國際競爭力（詳見圖3）。

圖3 「人工智慧工程化」生態藍圖

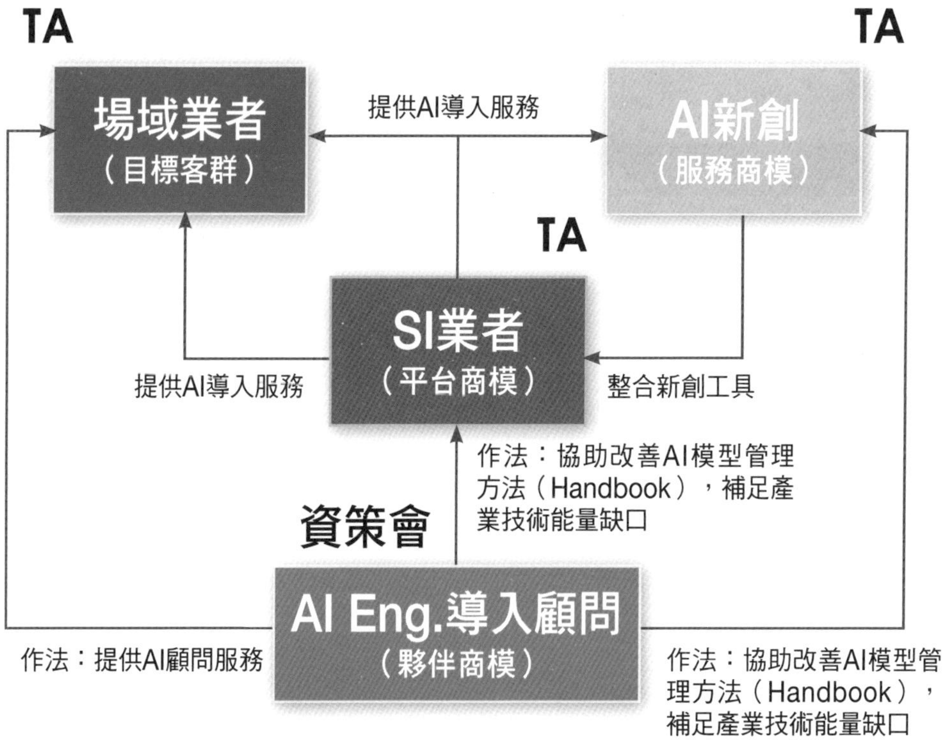

TA　　　　　　　　　　　　　　　　　　　　　　**TA**

| 場域業者 |　提供AI導入服務　| AI新創 |
| （目標客群） | | （服務商模） |

TA

SI業者
（平台商模）

提供AI導入服務　　　　　　　　　　　整合新創工具

作法：協助改善AI模型管理
方法（Handbook），補足產
業技術能量缺口

資策會

AI Eng.導入顧問
（夥伴商模）

作法：提供AI顧問服務　　　　作法：協助改善AI模型管
　　　　　　　　　　　　　　理方法（Handbook），
　　　　　　　　　　　　　　補足產業技術能量缺口

資料來源：資策會　　　　　　　　　　　→技術／服務提供

主題3

運動科技大聯盟
創造虛實融合新經濟

產業現況與難題

COVID-19疫情使人們保持社交距離,非必要情況下傾向減少各種外出的活動,運動健身產業首當其衝受到嚴峻影響;尤其現代人生活步調緊湊;因此,若想促進健身,提供服務的場館必須具備「特定性、高強度、高效率」等目標導向的功能。此外,若是能不受場域和時空的限制,同時能夠保有實體課程中互動、社交、客製化教練課等智慧評量和指導,將會更加符合疫後的新需求。

「運動」與「科技」在過往一直屬於不同的產業,如何因應外在環境的衝擊?如何整合科技和運動領域的專業知識?如何達到上述提及的新興需求?實屬為運動科技產業發展時的關鍵挑戰。

趨勢放大鏡

以資策會角度檢視運動科技數位生態的發展願景,建議可以透過科技結合的運動健身展開生態鏈結,使設備、系統和軟體相互結合進行創新,促成學研之間的跨域合作。可以朝居家運動、運動場館的方向發想,提供使用者多元的應用場景服務。

　　所謂結合科技的運動健身，若以運動類型區隔，可分為兩大類型，分別為「科技健身」和「科技競技」。誠如前段所述，「科技健身」係指透過可聯網或配備感測器的健身器材、穿戴式裝置等，蒐集運動情況和身體資訊，提供運動者即時查看並取得相對應的運動指示；同時可搭配線上課程、虛擬教練互動等，提升自主運動效果。

　　另外一類的「科技競技」，強調運動的互動體驗和娛樂性。科技競技能提供身歷其境的賽事體驗來滿足民眾運動觀賽需求，例如：在觀賞游泳、球類運動賽事時，觀眾可透過螢幕上疊加的速度、標籤等資訊，掌握整場賽事進行狀況；或是透過AR／VR、多視角轉播等方式，獲得更沉浸體驗和不同觀賽角度。

　　若以場域區分運動結合科技的觀賽體驗，又可分為「智慧場館」與「賽事觀賞」兩大類別。智慧場館方面，係指棒球場、籃球場、或足球場等較大型場地的智慧化，提升現場觀賽安全性；或是於場館導入AR導航、強化現場觀賽互動。賽事觀賞則指觀賽體驗的提升（不限現場或居家），例如：高沉浸感的AR觀賽、高畫質和多視角的賽事直播。

　　展望未來，可結合感測器、數據分析的科技訓練產品，將成為重要發展領域，例如：可蒐集運動數據的智慧鞋墊，能精準記錄運動者的移動速度、GPS軌跡和左右腳施力力道等；或是藉由AI判別動作的正確性來發展應用服務。

解題策略
成立產業聯盟助運動科技產業接軌政策

在運動科技數位生態藍圖中，資策會期許打造「MOVE運動科技服務平台」，推動國民科技運動生態，促成產學研跨界合作。為達到此目標，此平台結合體感科技、動作辦識、AI教練指導、數據分析及點數回饋機制等關鍵技術，成功輔導傳統運動服務業者、傳統運動器材業者與資通訊設備廠升級轉型。發展方向以「開發新型態運動設備」與「促成傳統健身房數位轉型」兩大方向進行，目前已順利發展五項居家運動新產品與服務。

運動與科技以往分屬不同產業，運動科技產業現階段主要面臨「資金」、「技術」、「市場」、「人才」四大課題。資金方面，若要吸引投資，需要更多資源與整合；技術方面，科技大廠擁有較多研發資源，中小企業擁有創新想法，若能加速雙向技術研發、創意媒合和實證場域需求，將能加速技術的提升；市場方面，投資者對運動科技的態度相對保守，加上全民運動風氣和習慣有待提升，因此需要更具吸引力或更低成本的應用與服務；人才方面，運動產業不易跨業合作，科技人才也因薪資結構問題不易投入運動產業，使得缺乏跨域人才成為此產業發展的瓶頸之一。

資策會運動科技研發團隊跨域整合產學之間的軟硬體及服務，與國內運動相關業者合作研發智慧健身鏡、虛擬教練指導等產品服務，帶動整體健身器材產業、穿戴／資通訊產業，及運動服務產業智慧轉型。更契合本會「數位轉型化育者」的新價值定位，促進各行各業加速創新變革，提升產業整體競爭力，將基於MOVE運動科技服務平台成立產業聯盟，針對聯盟會員提供前瞻技術、趨勢分析、顧問服務及商機共創，協助運動科技產業接軌國家政策推動中的建構精準健康生態（詳見圖4）。

圖 4 「運動科技大聯盟」生態藍圖

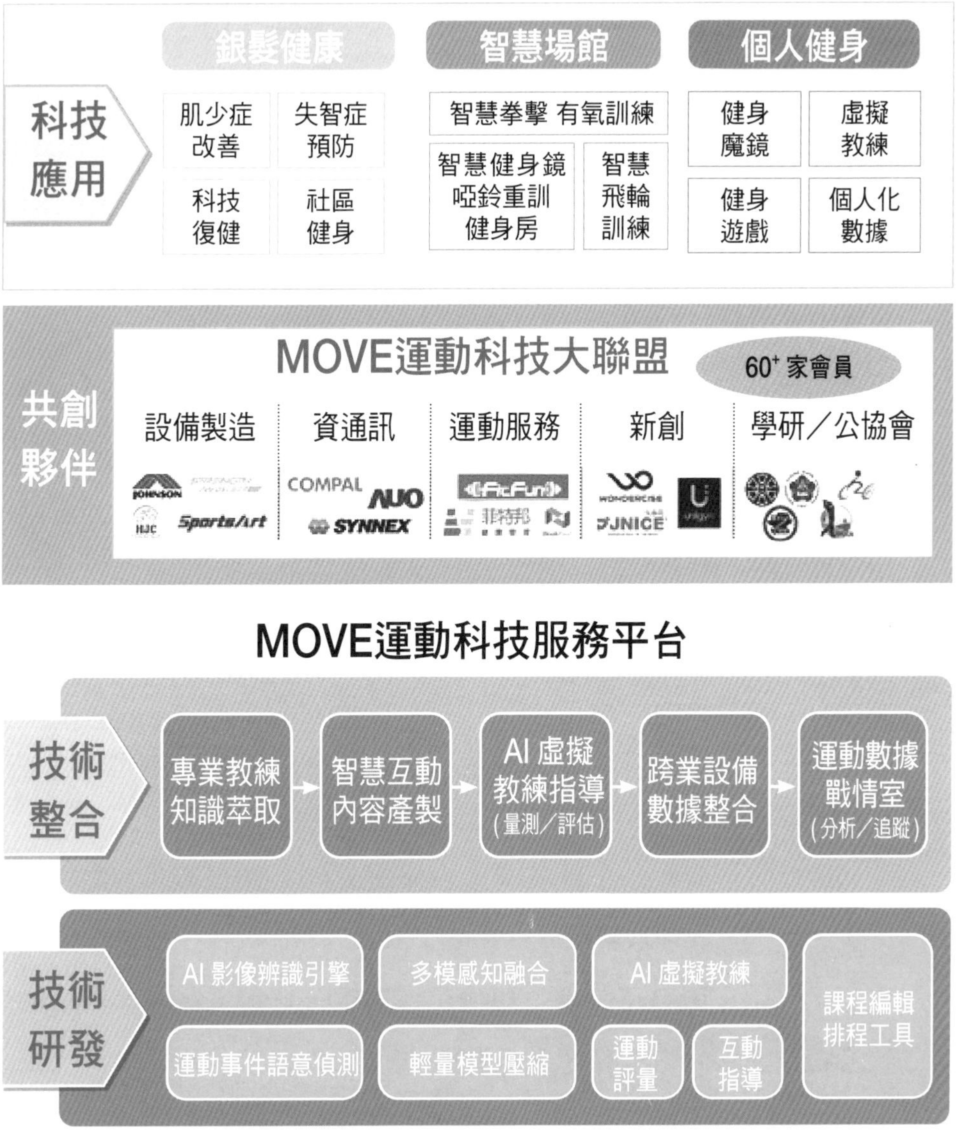

	銀髮健康		智慧場館		個人健身	
科技應用	肌少症改善	失智症預防	智慧拳擊 有氧訓練		健身魔鏡	虛擬教練
	科技復健	社區健身	智慧健身鏡 啞鈴重訓 健身房	智慧飛輪訓練	健身遊戲	個人化數據

MOVE運動科技大聯盟 　60⁺ 家會員

共創夥伴	設備製造	資通訊	運動服務	新創	學研／公協會
	JOHNSON STRENGTH HJC SportsArt	COMPAL AUO SYNNEX	FitFun 菲特邦	WONDERCISE JNICE	

MOVE運動科技服務平台

技術整合	專業教練知識萃取	→	智慧互動內容產製	→	AI 虛擬教練指導（量測／評估）	→	跨業設備數據整合	→	運動數據戰情室（分析／追蹤）

技術研發	AI 影像辨識引擎	多模感知融合	AI 虛擬教練	課程編輯排程工具
	運動事件語意偵測	輕量模型壓縮	運動評量　互動指導	

資料來源：資策會

5G開放式組網平台
具資訊安全防護機制

產業現況與難題

近年5G建設在電信商開台下，相對於現有4G網路擁有更大頻寬與更低延遲等優勢。電信營運商希望藉由新無線通訊技術的提升，增加網路使用者平均收入（Average Revenue Per User，ARPU），並開拓如工業5G專網、高密度物聯網與VR等新垂直應用市場。

但由於先天物理上的限制，5G高頻易受干擾，「基地台訊號覆蓋率」成為首要問題，更高密度的站點設置將大幅提升成本。電信營運商表示，光是5G基礎建設費用可能就是4G的三倍，要達到當初所宣傳的下載速度1Gbps，勢必大幅增加資本支出。

因此，「開放式網路架構」（Open RAN）成為矚目焦點；其中，又以「無線存取網路」（Radio Access Network，RAN）最為重要。無線存取網路設備是提供用戶裝置、終端裝置，與電信商核心網路連接的重要系統，在5G高頻寬、低延遲的規格下，大量RAN布建占最大預算。

趨勢放大鏡

Open RAN精神是於在標準介面下分離軟硬體，傳統上，假如電信商採用某一廠商的中央單元（CU）、分布式單元（DU），因為上層軟體與應用程式的差異，使電信商很難搭配他廠的無線電單元（RU），造成國際設備大廠的壟斷。然而，在新的架構下，廠商可使用A廠牌的CU、DU搭配B廠牌的RU，並使用第三方軟體做為網路功能管理，軟硬體彼此的相容性較過去更高。

近年，在美國積極推動5G乾淨網路的政策下，使各國對中國大陸的態度有所改變，盼能降低5G供應鏈與資訊安全的潛在風險。美方也希望以多方政策推動Open RAN產業發展，降低對境外網路設備業者的依賴，促使美國擁有可信賴的網路設備供應體系。

另一方面，歐洲國家對推動5G Open RAN的態度也日趨積極，例如：英國政府宣布與日本電氣NEC共建Open RAN研究中心，以發展Open RAN；德國政府編列20億預算補貼相關研發計畫與中小企業，以Open RAN技術建立新產業鏈，達到「科技和數位主權」的目標。

自2020年起，全球多家指標性的營運商導入開放式網路解決方案，Open RAN軟體供應商也以系統整合商之姿切入市場，擴張合作版圖，指標業者如Mavenir、Altiostar、Parallel Wireless等，傳統系統網路設備大廠也陸續加入開放陣營。

🖉 解題策略
打造5G基站生態，迎戰白牌化商機

　　未來，Open RAN將為台廠開啟更多市場機會，台廠或其他產業相關業者將可進入國際開放架構市場。儘管有進入國際開放架構市場的機會，但在不同產業角色下，各有其困難仍待克服，其中，「結盟」就成為開放架構產業發展的關鍵；不過，Open RAN須解決互通測試與整合等問題。因此，須主導結盟促使廠商參與生態，進而發展出高整合度解決方案，這將成為我國白牌商機的成敗關鍵。

　　有鑑於此，資策會共創團隊提供「5G開放式組網架構」的技術能量，並基於深耕5G Open RAN相關領域的多年經驗（在開放網路架構的軟體與硬體上皆具領導優勢），瞄準炙熱的5G企業專網新商機，提供高整合度的「具資安防護開放式組網（5G Open RAN）基站」與專業資安「顧問式基站檢測服務」，化為生態藍圖發展引擎，扣合我國產業優勢與催動白牌設備市場。

　　一、具資安防護開放式組網基地台
　　集結多個資策會研發單位與新創公司進行明確分工，以各自不同專業技術，共同研發形成一個完整解決方案，且具備關鍵技術與功能客製化特色。
　　資策會共創團隊引領多樣生態夥伴，重視多種面向的客戶回饋，透過正向循環做為高度整合解決方案，確保更多供應商軟硬體兼容配置，實現本土5G Open RAN白牌產品輸出，帶動上下游生態共贏。

　　二、顧問式基地台檢測服務
　　此服務是因應5G Open RAN開放架構而興起，資策會共創團隊將能提供「基站功能檢測」與「資安檢測」技術建議服務，如：漫遊檢測、防弱點服務方案、防滲透服務方案等，將為我國Open RAN白牌設備強化資安防護品質（詳見圖5）。

圖⁵ 「5G開放式組網平台」生態藍圖

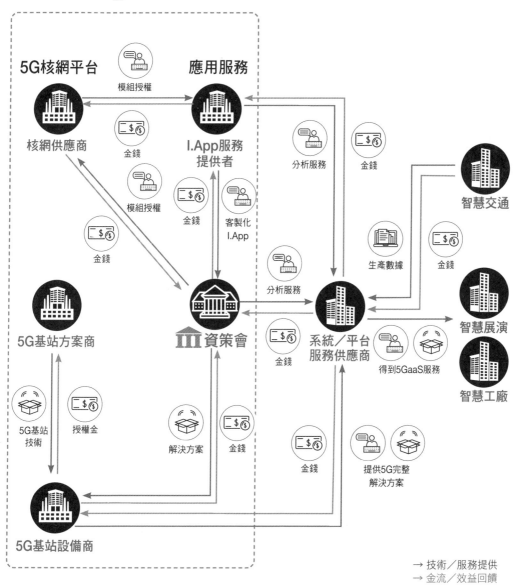

資料來源：資策會

EMS產業高階製造
建立有韌性的供應鏈

產業現況與難題

電子專業製造服務（Electronic Manufacturing Services，EMS）俗稱電子代工，係指電子產品品牌提供設計、採購、製造與物流等一系列生產服務。因全球電子製造服務需求日益增加，製造廠商面臨數位化、複雜化、彈性協作等供應鏈轉型，而EMS產業將會型塑成數位網絡的複雜供應鏈。

然而，EMS業者多半資料仍然依賴人工取得，整體設備的聯網網路不足，加上多數資料格式不統一的現況，皆須花費龐大成本處理，導致不少EMS中小企業無法應用數據優化製程。此外，國際製造商對於產線數據透明化的需求大幅提升，EMS業者未來該如何面對全球智慧製造價值鏈逐漸走向自動化、韌性化及短鏈化等國際趨勢，仍是一大發展課題。

趨勢放大鏡

呼應前述課題，資策會與產官學研合作協助EMS產業數位轉型，解決產業表面黏著技術（SMT）製程問題，且推動AOI（Automated

Optical Inspection）檢測技術與資料交換架構。透過各界力量研擬產業共通標準規範，凝聚EMS產業共識，共識內容包含：

一、應用彈性製造、機械手臂及AI等自動化技術，透過資料整合處理打造可追溯性的管理系統，滿足部分客製化履歷追溯的需求。

二、引進國際標準，向產業推廣SMT製程設備資料共通架構，透過大廠資源，聚集台灣系統整合能量，藉由以大帶小模式，協助數位轉型。

首先為推動EMS產業數位轉型，須導入SMT設備聯網標準，解決產線資料格式與介面設計不同的問題，消除產線資料串接的議題。此外，還需要優化上中下的數據，使產線設備能直接進行M2M通訊，使設備產生的數據都可視覺化。

再者，建立AOI瑕疵指引和AOI／AI資料介面格式開放，與產業公協會達成共識，使其架構模型成為行業規範，提供EMS產業、系統整合廠商及研發AOI／AI模型利用，讓高速、高精度光學影像檢測系統，取代過往傳統人力檢測的問題，有效提高瑕疵判斷的準確率。

最後，電子資訊產業即將邁向高階製造的層次，隨之而來的挑戰也較難以處理，包含：5G通訊設備、製程複雜度與軟體系統建置等。資策會輔導EMS業者找到關鍵的製程問題，並成功縮短工程時間，以降低設備資料獲得與整合成本，符合AI應用與供應鏈追溯實際需求，加速布建台灣在全球EMS供應鏈的新角色。

解題策略
導入共通標準，解決產業邁向高階製造的瓶頸

　　EMS產業智慧製造服務生態的願景是解決設備聯網、資料串流應用等問題，使資料能快速導入產線，亦減少資料整合複雜程度。藉由EMS產業的數位轉型，讓硬、軟體廠商邁向「數據導向」（Data-Centric）的嶄新商業模式，打造低延遲的聯網製程設備，優化資料處理、分析、應用等系統加值服務，加速EMS產業成功加入智慧製造服務的新藍圖。

　　EMS服務模式中，藉由相互支援合作，使關鍵合作夥伴可順利提供服務。在EMS產業生態框架中有三類關鍵夥伴，涵蓋資料分析服務業者、系統整合服務業者、與設備商／設備代理商：

　　（1）資料分析服務業者：滿足大型EMS廠針對產線資料應用需求，提升產品良率，透過資料獲得與M2M溝通，優化產品可追溯性。

　　（2）系統整合服務業者：主要協助設備資料與系統整合，建立生產可追溯性服務，打造輸出資料格式與項目統一的規格，降低資料串聯流通的成本。

　　（3）設備商／設備代理商：設備提供設備聯網功能，此功能可迅速獲取資料，完善ESM廠商的智慧設備建置。

　　資策會以生態夥伴定位以及數位轉型推手為核心，為彌補製造業轉型顧問能量，致力於扮演EMS產業服務顧問的角色。同時因應各界需求、匯聚產業共識及制定產業新標準，成功媒合供需雙方合適的解決方案。協力設備、系統整合與資料應用多方業者，藉由聯網設備擷取共通串流數據，再透過規格合一的系統降低資料彙整成本，加速軟體加值服務。活絡EMS產業智慧製造服務生態，鞏固台灣EMS產業在全球智慧製造的競爭優勢（詳見圖6）。

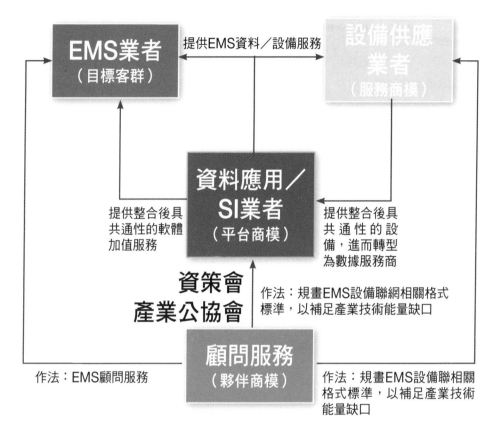

圖 6 「EMS產業高階製造」生態藍圖

資料來源：資策會　　　　　　　　　　　　　　→ 技術／服務提供

 名詞解釋｜SMT

Surface Mount Technology 的縮寫，中文為表面貼焊技術，是將電子零件焊接於電路板表面的技術。

 名詞解釋｜AOI

Automated Optical Inspection 的縮寫，中文為自動光學檢查，是對印刷電路板製造的自動視覺檢查，在該檢查中，攝影機會自動掃描被測設備，以查出災難性的故障和質量缺陷。

 名詞解釋｜M2M

Machine to Machine的縮寫，中文為機器對機器，意指機器裝置之間在無需人為干預的情形下，直接透過網路溝通而自行完成任務的一個模式或系統。

主題6
C2M新製造模式
由數據驅動研發和生產

產業現況與難題

目前國內民生工業走向C2M（Consumer to Manufacturer）模式有三大難題待解決：（1）民生工業擅長為其他企業代工，要轉換為自主研發思維不易；（2）試誤（Trial and Error）反應能力不足，缺乏立即滿足需求端的敏捷生產；（3）民生工業欲擺脫代工模式，要邁向高值化研發（ODM）或自主品牌（OBM）發展，須透過數位轉型策略協助企業確立新定位。

趨勢放大鏡

C2M的主要核心價值在於「數據應用力」，透過逆向操作先了解使用需求，優化生產品質，即有機會帶動整體產業的轉型與升級。過往的民生工業尚無自己專屬的研發團隊，所有設計都來自老闆的自我想法，在後續的生產、銷售與客戶追蹤皆有可能因為老闆的想法更改，但沒有市場數據予以輔助決策，新商品研發或銷售總是難以順利執行。倘若能有完整數據與分析模組做為佐證資料，也能提升企業整體營運效率。

　　該如何協助民生工業成功應用數據，資策會團隊認為透過C2M精準研發製造模式，提供產業一套完善的數位化工具，驅使企業在研發設計、生產製造與上市銷售的流程，皆能透過數據制定獨特的數位策略。以下介紹C2M精準研發製造的服務架構：

　　一、研發設計：企業不再依據老闆個人品味與喜好，而是先透過市場趨勢調查分析目標客群喜好，可以藉由網路輿論資料情報、競爭者分析、歷史銷售數據或問卷調查等蒐集方式，獲取不同層面的數據。透過該數據分析未來產品雛形，以擬定新品規格，並打造嶄新的數位服務商業模式。

　　二、生產製造：產品打樣的多次嘗試能訓練生產流程的敏捷能力，以實證產品達成最小可行性產品（MVP）的目的，也藉由多次嘗試所獲得到的數據，在後續製造量產的過程中能更有效調整生產所需的原物料與預測量產後的總成本，再透過自動化的生產整合系統，達到整體營運流程優化的關鍵能耐。

　　三、上市銷售：銷售過程須注意之處在於銷售數字的監測與新品售後回饋，以再次獲得新數據來優化後續的研發製造，透過此迴圈模式精準研發民生工業的產品。

　　透過C2M新製造模式，企業會在產品尚未生產前，就可知道該販售給哪些顧客，翻轉傳統民生工業過去「先生產、後銷售」的傳統價值思維。藉由數據驅動力協助企業有效快速反應市場需求，為民生工業的數位轉型躍進至嶄新的科技藍圖。

🖉 解題策略
以C2M優化民生工業數位發展環境

　　C2M精準研發數位生態藍圖框架，以應用數據為核心價值，協助民生工業打造以客為本的新商業模式，再以前述提及「研發設計－生產製造－上市銷售」的迴圈模式，透過數據優化營運流程，成功打造C2M新製造生態體系。為回應國際製造產業情勢，資策會提供C2M整合平台與顧問服務，輔導傳統民生工業邁向數位轉型之路。

　　C2M整合平台解決過往企業盲目生產未經市場驗證的產品，也能吸收販售成果與顧客回饋，迭代新產品的規格與品質，強化企業的核心能耐。透過數位工具提升企業自主研發設計能量，當企業面臨不同客群的需求時，能敏捷地反應並快速生產新型態的產品服務，達成多方互贏的新局面。

　　資策會積極推動C2M新製造數位生態藍圖，運用技術平台服務協助傳統民生工業數位轉型，同時藉由過去累積的合作能量，鏈結加工技術、商業設計與資訊服務廠商，紛紛投入C2M製造合作，協助企業建置數位化的生產管理系統。最後與銷售夥伴達成共識，協作市場數據能在系統中串聯應用，為C2M的數位生態藍圖帶來最後一塊拼圖，期許我國民生工業能扭轉代工低毛利困境，進而邁向自主高值化研發（ODM）或自主品牌（OBM）發展的企業新定位（詳見圖7）。

🔖 名詞解釋│MVP

　　Minimum Viable Product的縮寫，即最小可行性產品。 MVP驗證，係指透過實地驗證或客戶服務，確認最小可行性產品的執行性後，才會進入大量生產（Mass Production）階段。

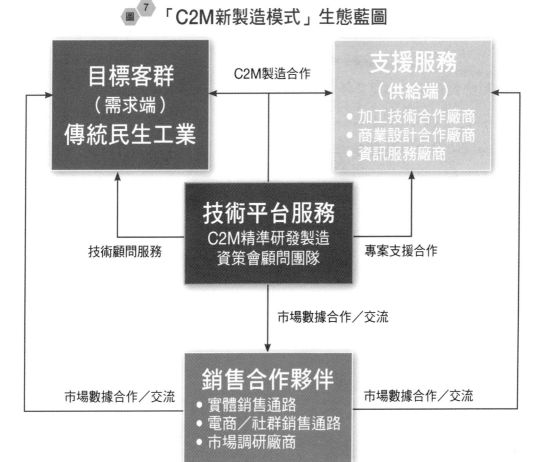

圖 7 「C2M新製造模式」生態藍圖

資料來源：資策會　　　　　　　　　　　　　　　→ 技術／服務提供

名詞解釋｜C2M

Consumer to Manufacturer的縮寫，是基於客戶需求端與市場數據，帶動供應端的生產製造決策，協助製造業邁向精準生產製造研發模式，使產品能更實際貼近客戶需求，提升產品上市的成功率。

主題 7
數據交換與共享
開啟新數據應用想像

產業現況與難題

近年隨著氣候變遷加劇、環保意識抬頭，企業永續發展聲浪也愈來愈高，因此，商業模式除了考量獲利以外，也得考慮是否可持續發展。若要達到可持續發展目標（SDGs），則須同步改善企業環境與效能，而數據交換也是協助企業達成SDGs的一種方式，目前數據交換經濟正透過消費行為的蒐集分析達成，只是仍欠缺相關數據的治理模式。

趨勢放大鏡

根據金管會2021年底公布的「金融機構間資料共享指引」，可預期未來金融機構會有數據合規交換需求出現；在投資項目中，成長率最高的是再生能源（綠電）。因此資策會將以「金融領域」及「綠電領域」做為企業數據合規交換的主要選擇，切入進行實證。

金融領域 ── 金融行動身分辨識生態

為推動金融業運用科技創新服務、提升金融業效率及競爭

力，並促進金融科技產業發展，金管會前主委顧立雄於2017年10月5日指示金融總會籌設金融科技創新園區，金融總會則委託資策會金融科技中心規畫執行。

　　資策會金融科技中心挑選「銀行」做為首要實證對象，因為以接觸到客戶數來說，銀行目前都是最多，且在金融行動身分識別需求上也最強烈。整個實證情境牽涉到兩家銀行及周邊單位：客戶在周邊單位App完成A銀行註冊綁定後，至B銀行申請信用卡，B銀行要求提供資料，客戶使用周邊單位App認證請求個人資料，A銀行驗證客戶身分後回傳客戶個人資料，於B銀行信用卡申請畫面呈現申請人於A銀行留存個人資料，完成身分識別的數據交換。

綠電領域 —— 綠電數據生態

　　目前綠電數據核實架構主要聚焦在產業中下游，中游以售電業者為主（目前國內有14家售電業者，多由發電業者衍生）；下游主要聚焦民間協會，針對有綠能標章的案場、業者進行認證稽核。

　　未來持續發展企業數據交換生態，可由企業與個人繳納稅金，讓政府運用於打造合規環境，以及獎勵企業進行合規數據交換，讓使用者、企業之間以一種租賃契約關係（或其他可以滿足這個模式的商業關係）共享數據。在此模式下，政府可以專注於提供使用者更好福利，企業也可以在這個前提下追求利潤。

🔁 解題策略

以第三方角色促成數據供需雙方交換資料

　　資策會金融科技中心做為國內金融科技負責任創新的守門員，團隊提出對於企業數據合規交換的願景：「協助高監管領域業者的機敏數據進行協作、分享、管理、歷程追蹤」。在企業數據合規交換議題上，以三大顧問工具協助領域業者從實證到落地：

　　一、可信任存證：以區塊鏈技術Chain-Infra為基礎，搭配數據合規與存證工具組，組成企業數據存摺（Databook）服務，協助主管機關、金融機構將機敏數據進行存證，旨在數據服務營運初期即提供數位解決方案，確保其數據的法律效力。

　　若想發展企業生態，第三方存證應用服務是不可或缺的。在Chain-Infra技術支援下，發展不同的商業運作紀錄與來源存摺（Business Operation & Origin Keeper，BOOK），例如：節點資源監控、帳戶金鑰代管、鏈上交易追蹤、委外節點代管等服務。目前坊間業者也有區塊鏈相關技術或服務，但多是提供個別企業的解決方案技術，資策會金融科技中心倡議的Chain-Infra服務，定位是基於國際共通規格的技術公版框架，提供與坊間業者區塊鏈解決方案協作機制。

　　二、負責任創新：協助國內外超過百間金融科技新創團隊，並與主管機關、金融機構合作，針對國內新興金融科技議題，透過法規諮詢、政策推動及國際鏈結進行輔導。

　　三、可信賴交換：過去金融機構的企業內部數據出戶受到國家法規、企業內規限制，採用大範圍遮罩去識別化技術協助，但套用大範圍去識別化技術，會讓出戶後的數據失去利用價值，對於負責任創新並無幫助。因此金融科技中心研發「數據無塵室」，協助需要數據交換的企業篩選有價值數據，並在保持一定數據利用價值狀態下，讓數據進行去識別處理，又得以出戶交換（詳見圖8）。

圖 8 「數據交換與共享」生態藍圖

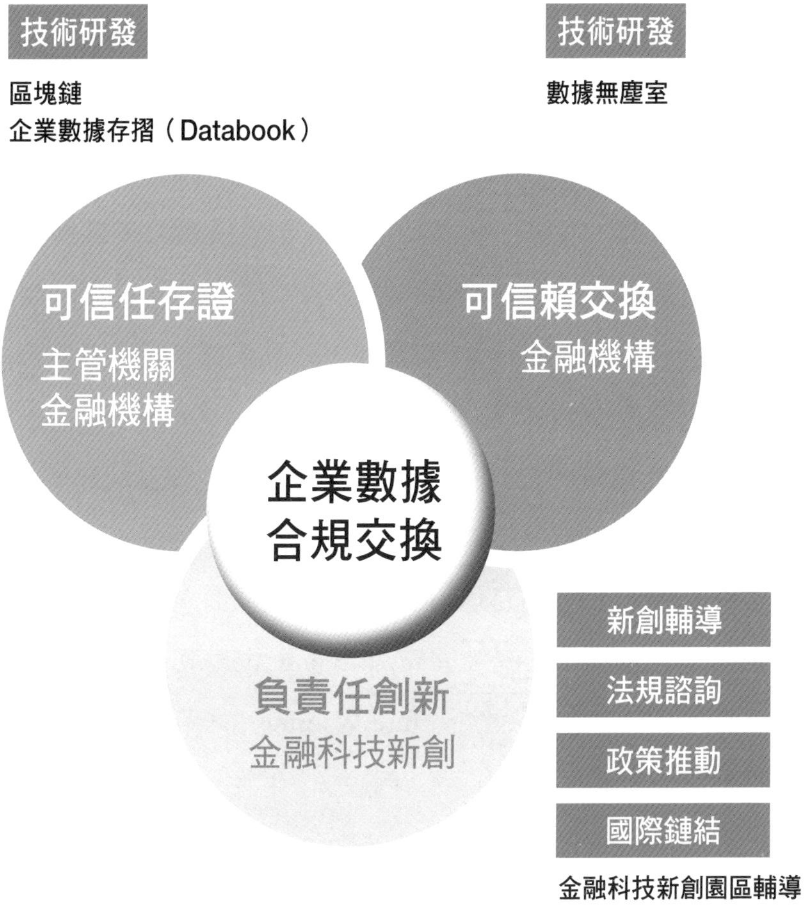

技術研發

區塊鏈
企業數據存摺（Databook）

技術研發

數據無塵室

可信任存證
主管機關
金融機構

可信賴交換
金融機構

企業數據
合規交換

負責任創新
金融科技新創

新創輔導

法規諮詢

政策推動

國際鏈結

金融科技新創園區輔導

資料來源：資策會

Class
5

主題 8

人工智慧先進駕駛輔助
避開大型車的行駛盲區

產業現況與難題

目前國內外車輛主動安全技術重要發展趨勢,皆著重於發展適合小型車輛使用的系統,關於大型車輛主動安全技術發展較為緩慢。然而,大型車駕駛行駛時間長、駕駛視線差與盲點多等,若發生事故,常造成嚴重傷害。

為解決大型車駕駛安全,我國交通部制定國內大型車安全法規(道路交通安全規則),大客車已實施有60項法規,大貨車則實施有61項法規。此外,交通部也陸續將行車視野輔助系統、緊急煞車輔助系統(Advanced Emergency Braking System,AEBS)與車道偏離輔助警示系統(Lane Departure Warning System,LDWS)列入法規要求強制安裝項目。

趨勢放大鏡

現今市場上先進駕駛輔助系統(Advanced Driver Assistance Systems,ADAS)主要透過各式感測器(如攝影機和雷達)資料,持續監控車輛周遭環境,結合智慧處理,即時提供駕駛系統

相關功能服務，常見六大系統為：前方碰撞預警（FCW）、自動緊急煞停（AEB）、主動車距維持定速（ACC）、盲點偵測警示（BSW）、車道偏離警示（LDW）、車道維持輔助（LKA）。

目前國內外紛紛立法強制新型車必須加裝ADAS，在相關產業鏈中，AI感測技術的發展也促使感測元件廠以導入AI為終極目標——透過高品質資料訓練AI模型節省演算法開發時間，加強辨識準確度、減少道路安全事故。

未來完全自主運行的智慧化車輛即將誕生，在汽車元件設計中「駕駛安全」則是最優先的要素。因此，先進駕駛輔助系統將是車輛必備系統，經濟規模力量指日可待。

近年車輛不斷朝電動化、聯網化、智慧化方向發展，因此，車用AI是值得投資的新趨勢產業，也是一個得依賴跨界合作卻又相互競爭的戰場。台灣想要在這個領域爭取立足，就必須審視其待解決的問題，加以補強。

盤點各技術項目，我國產業缺口包括：

一、車用感測器融合與動態校準技術

現況：國內廠商以元件及單一感測軟體開發為主，隨國際大廠確立融合發展方向。

未來方向建議：（1）加速投入感知融合產品；（2）聚焦於各式感測器（如熱感應、4D成像雷達、固態光達）；（3）上述融合技術發展，以創造產品競爭力。

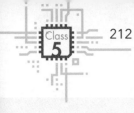

二、車用AI運算平台中介軟體技術

現況：隨車用市場逐漸升穩，AI硬體面台廠已逐步投入發展車用運算平台。

未來方向建議：（1）AI軟體面也應配合加速車用AI中介軟體開發；（2）以軟硬整合優勢提升產品國際競爭力。

三、車用影像分析系統快速客製化技術

現況：國內產業亟需高性價比AI影像辨識引擎，以利前後代產品開發。

未來方向建議：相同偵測準確度下，降低成本達到硬體成本最佳化。

四、強健車用影像分析所需AI資料

現況：AI三大要素中，訓練資料是其中一項重要元素，台灣產業開發AI，缺乏深度學習訓練資料集協助導入AI演算。

未來方向建議：可透過台灣道路複雜環境，快速建構台灣本地實拍訓練資料集。

五、感測元件全天候感知增強技術

現況：各式感測元件可強化環境影響感知能力，但缺乏深度學習訓練資料集協助導入AI演算。

未來方向建議：新感測技術處於萌芽期，研發初期亟須投入資源，並導入AI感知演算能量。

未來需求情境為建構人工智慧先進駕駛輔助系統（AI-ADAS）。大型車AI主動安全應用運用車輛運行時的車身訊號，與ADAS設備所蒐集的三軸感知訊息，進行主動安全警示應用服務，適時判讀ADAS警示作動方位與辨識項目，提供更精準警示訊息，甚至協助減速實現智慧緩煞，避免事故發生。

AI-ADAS預計整合智駕主動安全整車共用平台與AI技術，發展全球首創大客車盲點防碰撞主動緩煞停，守護台灣大客車與用路安全，為國際影像感知應用建立新典範。同時以「車電產業AI化，移動服務大進化」為發展願景，希望以台灣複雜的道路場域優勢，結合AI（演算法、資料）與資通訊（算力平台），創造台灣車電產業新價值。

執行方式是整合產業資源，搶攻台灣乃至全球電巴市場，團隊串聯從上游模組生產至下游市場應用，跨領域垂直整合，以台灣複雜環境淬鍊計畫研發技術與驗證開發智慧系統成果，進而攜手台灣主動安全產業、擴大國際電巴市場，前進新南向，布局智駕產業供應鏈。

🕑 解題策略
串聯產業鏈，加速車輛智慧化進程

　　本產業藍圖期望建立智駕主動安全共用系統平台，其中，將影像鏡頭模組視為眼睛，「智慧主動安全整車共用平台」視為運作身體的神經系統，內建全方位主動式智駕控制技術，與先進車況感知動態解析技術；「智慧主動安全高效運算平台」視為大腦，包括：人工智慧車輛視覺感知與決策模組（主動安全輔助行車警示、輕量化行車影像辨識引擎、智慧巴士專用深度學習影像資料庫）。透過智駕主動預警界面與車載週邊介接整合，將智駕主動安全共用系統營運在合適的最佳化設計示範場域之中（詳見圖9）。

　　智駕主動安全共用系統平台能夠適應台灣多元環境複雜天候與混流路況，提供駕駛警示區域與行人騎士類別、駕駛盲區的安全警示、駕駛行進方式（如行駛速度、轉彎）動態調適警戒範圍、事件緊急程度（如黃紅燈聲響）駕駛示警與緊急自動煞車。

　　近來，因應歐美車廠與汽車一級供應商需求 —— 2022年將逐步導入主動安全系統，資策會也開始進行「大型車輛裝設主動預警輔助系統科研計畫」及「智慧電動巴士DMIT」等政府政策補助計畫，台灣廠商初期可先從後裝市場建立商品口碑後，持續布局切入前裝市場。

　　展望未來，資策會將結合國內業者以「共同建立AI-ADAS產業生態」為目標，進行技術授權移轉（車電業者及車載系統整合業者），以加速AI-ADAS於各型車輛整合及擴大應用。同時以多元感知元件標記資料，提供業者訓練資料與標記服務，加速其感測元件技術開發。另外，更藉由鏈結國內業者導入應用場域，進而建構生態體系形成綜效，創造更多商機。

「人工智慧先進駕駛輔助」生態藍圖

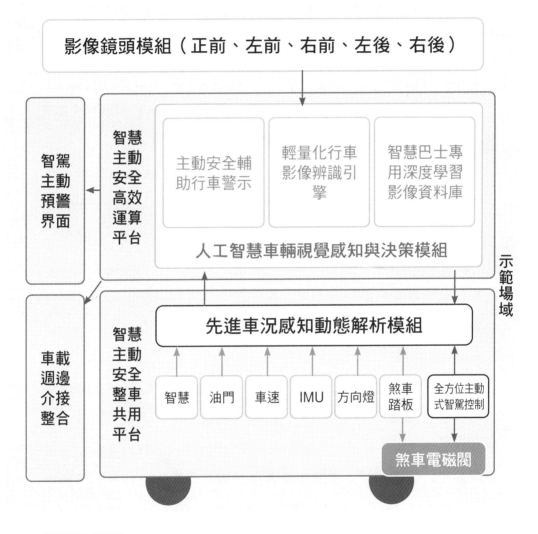

資料來源：資策會

智慧路側雲霧安全系統
化身土地公守護道路安全

產業現況與難題

　　駕駛車輛在路上總會遇到不同情況，不同角色也有著不同訴求：一般用路人希望不要出車禍、可以掌握路況及預先提醒應變；車隊管理者希望能確保車隊安全抵達客戶處、減少車輛與人員損失、保持最佳速度行駛以減少能源損耗；地方政府主管機關希望在經費有限情況下減少民眾傷亡、減少糾紛、減少工作負擔。

　　目前駕駛在路上可能會遇到以下兩種常見問題：（1）號誌即時性：路上的交通號誌時制，都是依據道路主管機關過往道路車流量數據資料分析規畫出的一套號誌時制，再依不同時間點進行交通號誌變化，無法即時因應較緊急情況；（2）視角盲點：通常用路人車在行進時，都是以有限視野範圍內看到的路況來判斷，但有時會出現視角盲點，容易釀成車禍事件。

趨勢放大鏡

　　在全球5G技術標準組織3GPP（3rd Generation Partnership

Project）宣布的Release 16（Rel. 16）規範中，CV2X（Cellular Vehicle-to-Everything）技術與標準將朝向「車路聯網協作」（Cooperative Automated Driving）發展，可見未來通訊技術與環境更適合發展車路協作應用，有助於以智慧路側系統協助所有用路人，更安全有效率地行進於道路上。

針對前述產業難題，以下為未來可改善的方向：

一、**智慧號誌時制**：未來道路主管機關除依據雲端過往數據資料外，也可配合路側端演算辨識即時路況需求來改變號誌時制，例如：當老人走過行人穿越道，因腳程較慢，系統可將行人通過的號誌秒數即時延長，以利老人安全順利通過；或是當緊急車輛（如救護車）需要通過號誌化路口時，可依據緊急車輛行進需求，改變該車輛通行方向綠燈時制。

二、**多元視角偵測**：未來道路上，將布建多元視角智慧路側偵測設備，可廣泛即時依據路側蒐集資訊，輔以AI演算法快速辨識與預測潛在危險事件，即時給予用路人警示，避免發生事故。

另一方面，未來智慧路側設施市場將會大幅成長，台灣業者應可掌握此商機，共同努力發展智慧路側系統產業生態。在國內建立成功案例後，系統整合服務業者亦可結合路側設備業者，邁向國際市場，協助海外同樣具有混合車流複雜交通環境的市場，廣泛布建智慧路側系統。

❷ 解題策略
協力傳統設備製造業者開拓智慧交通市場

智慧移動車輛的全球趨勢,已經朝向智慧聯網化發展——智慧路側雲霧安全系統。其產業發展願景是藉由打造道路(城市骨幹)智慧化,再以智慧路側雲霧安全系統協助政府服務,提供用路人安全解決方案的道路守護者TDG(Transportation Detection & Guardian)。TDG同樣是「土地公」的英文拼音縮寫,土地公是區域地方守護神,具有祈福保平安之意,希望智慧路側雲霧安全系統可像土地公守護用路人平安。

資策會將與地方政府洽談可布建驗證場域及後續擴大規畫作法,再協助交通部進行智慧道路政策研析,並布建數個示範POC,最後協助產業提供智慧路側設施與平台,達成成為道路守護者的目標。

資策會為具有研發能量的法人機構,目前已有演算法、數據提供、資訊軟體等能量優勢。在車輛聯網比例將逐步提高的趨勢下,已陸續協助產業生態中系統整合服務業者,與智慧交通營運服務業者建立應用典範案例,提供智慧路側安全解決方案服務給予用路人、車隊管理者、地方政府主管機關等目標客群。

為確保本系統有效運行,資策會已於全台多處布建智慧路側雲霧安全系統,例如:在東華大學、佛光大學、中山大學、高雄科技大學四所校地遼闊的大學布建此系統。依校方校內事故統計,佛光大學交通事故降低達50%、東華大學降低近35%。

此外,亦於台北市陽明山仰德大道一段及仰德大道四段等易肇事場域布建此系統,蒐集2019至2021年事故資料,比較車禍與碰撞發生件數,分別有效下降16.7%及14.3%。目前智慧路側已於全台五大城市106處進行布建,以期有效降低車禍件數(詳見圖10)。

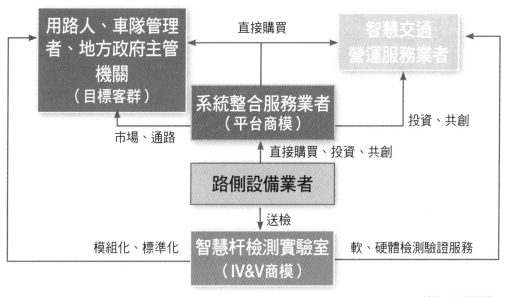

圖 10 「智慧路側雲霧安全系統」生態藍圖

→ 技術／服務提供

資料來源：資策會

主題 10
節能永續智慧建築
串起人與建築的自然對話

產業現況與難題

隨著21世紀網路技術普及，智慧建築已逐漸藉由開放式控制網路架構，將自動化操作功能融入建築物中，使人、建築、設備有更密切的互動關係。目前因全球暖化、氣候異常、高齡化人口以及疫情等因素，造成醫療、照護需求等議題增加，該如何有效透過網路、雲端、物聯網及智慧科技設備，提供民眾所需的醫療、照護、居家安全服務及節能環保等需求，儼然已成為全球積極發展與應用的重點方向。

趨勢放大鏡

未來智慧建築將使建築物不再僅是一棟遮風避雨的大樓，而是運用資通訊高科技實力，適時調整建物內設備，提供最佳對應模式，以滿足使用者對安全、舒適、便利、效率的需求，並達到節能與降低維護管理。如透過核心系統服務和數據整合，即時監測設備使用情形，整合建築內部照明、空調等設備，進而形成建築能源監控管理系統，避免不必要耗能；透過AI自我學習，分析出入口控制、防盜監控及火災監測警報數據等，即時偵測任何異

常狀況，發送預警警報避免意外發生，除更有效率管理建築設備外，也降低人工維護管理成本，提高永續性。

✍ 解題策略
智慧建築雲平台整合生態創新應用

　　圖11為節能永續智慧建築的生態藍圖，資策會扮演整合平台，對系統整合商提供平台技術服務及支援，對建築營運業者提供整體智慧建築系統設計規畫與系統檢驗，對生態夥伴則是進行技術合作，與系統整合商完成子系統整合，並於系統完成建置後，協助生態夥伴有效進行相關子系統設備管理、維護與修繕。

　　資策會對於節能永續智慧建築生態發展願景為：結合資策會智慧建築雲平台及生態供應商提供的安全防護、能源管理、5G通訊等子系統，達到便利、舒適、安全的目的，使得人與建築之間可自然互動，提升用戶對智慧建築的使用體驗，促進智慧建築產業良性發展。以下為生態發展下的幾種應用情境：

　　一、能源管理應用情境：其中的暖通控制空調管理，是依據外部自然環境及大樓內人流熱點進行溫感回饋，調控冷暖設備，提供最低耗能且最合適的溫度。

　　二、安全防護AI分析應用情境：包含視頻監控設備、門禁系統、入侵監測等應用，以影像辨識AI分析為基礎，管理人車進出及保全安防。

　　三、基礎設備管理應用情境：包含電梯系統、智慧水務管理系統、資產設備維護等應用，AI監測各項基礎設備運作效能，提供保養提醒、預排保養維護期程。當監測數據達一定學習量，可導入預判故障提醒，維持最大的服務效能。

四、AI創新應用情境：在特殊場域的建築創新應用需求相當多，例如：面臨全球人口結構老化，遠端照護、居家安全監控等高齡居住科技應用需求日益升高。此外，像建築資訊區塊鏈應用、智慧空間開放資訊應用，在建築產業生態中也驅動許多商機。

名詞解釋｜系統整合商

　　如：思納捷、群光電能等系統整合業者，協助需求方順利導入智慧建築解決方案，也負責導入完成後的總體系統維運。

名詞解釋｜子系統供應商

　　如：停車管理系統、空調控制系統、水務管理系統、電梯系統、門禁系統、照明系統等各種子系統。

圖 11 「節能永續智慧建築」生態藍圖

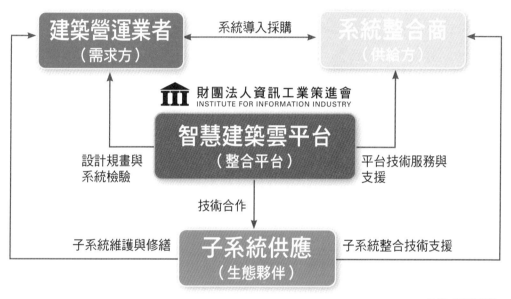

資料來源：資策會

國家圖書館出版品預行編目(CIP)資料

企業轉型，贏在數位生態：產業蛻變的決勝五堂課／楊仁達、周樹林、張育誠、洪春暉、何玲玲、蕭淑玲、黃芳蘭、資策會研究團隊著. -- 新北市：經濟日報， 2023.05

224面；17×23 公分. --（經營管理；25）

ISBN 978-626-96507-3-6（平裝）

1.CST：企業經營　2.CST：組織管理　3.CST：企業再造　4.CST：數位化

494　　112003033

經濟日報

經營管理 25

企業轉型，贏在數位生態：

產業蛻變的決勝五堂課

合作單位

財團法人資訊工業策進會

編　審　楊仁達

總編輯　周樹林

編輯委員　張育誠、洪春暉、何玲玲、蕭淑玲、黃芳蘭

副總編輯　楊政霖

責任編輯　蘇俐安

編輯群（按姓氏筆畫排序）王妍文、王淳平、王婷、王筱棋、王義智、王德仁、朱宜亭、朱柏嘉、何文楨、何丞堯、何玲玲、吳李祺、吳沛芸、呂培瑜、李雅萍、杜定傑、杜宜璉、周樹林、林枋俞、林書萍、林紘億、洪春暉、高欣潔、張育誠、張家鳳、張愛絹、許瓊予、陳伍廷、陳怡靜、陳景松、陳麗萍、曾筱倩、游函諺、童啟晟、黃中原、黃芳蘭、黃麗芳、楊仁達、楊政霖、楊海玲、葉宗翰、劉彥岑、鄭琇君、盧士彧、蕭淑玲、賴志豪、勵秀玲、謝沛宏、顏孝純、蘇俐安、蘇惠玉

出　版　經濟日報

作　者　楊仁達、周樹林、張育誠、洪春暉、何玲玲、蕭淑玲、黃芳蘭、資策會研究團隊

地　址　新北市汐止區大同路一段369號

社　長　劉永平

總編輯　費家琪

副總編輯　盧家鼎

出版總監　楊東庭

封面設計　張培音

內文設計　米諦

設計協力　許秋山

ISBN 9786269650736

出版日期　2023年5月

定　價　330元